心态积极精神好
心力强大有担当

中共中央党校党建部创新工程
新时代干部心理能力建设书系
★
胡月星 主编

会减压才能从容领导

刘一冰 陈姗姗／著

SPM
南方出版传媒
广东人民出版社
·广州·

图书在版编目（CIP）数据

会减压才能从容领导／刘一冰，陈姗姗著. —广州：广东人民出版社，2021. 11（2023. 7 重印）
（新时代干部心理能力建设书系／胡月星主编）
ISBN 978-7-218-14435-1

Ⅰ. ①会… Ⅱ. ①刘… ②陈… Ⅲ. ①领导人员—心理压力—心理调节 Ⅳ. ①B842. 6

中国版本图书馆 CIP 数据核字（2020）第 153442 号

HUI JIANYA CAINENG CONGRONG LINGDAO
会减压才能从容领导
刘一冰 陈姗姗 著

出 版 人：肖风华

出版统筹：曾玉寒
责任编辑：廖智聪
装帧设计：闰江文化
责任技编：吴彦斌 周星奎

出版发行：广东人民出版社
地 址：广州市越秀区大沙头四马路 10 号（邮政编码 510199）
电 话：（020）85716809（总编室）
传 真：（020）83289585
网 址：http://www.gdpph.com
印 刷：三河市华东印刷有限公司
开 本：787 mm×1092mm 1/16
印 张：17. 5 字 数：230 千
版 次：2021 年 11 月第 1 版
印 次：2023 年 7 月第 2 次印刷
定 价：53. 00 元

如发现印装质量问题，影响阅读，请与出版社（020-85716849）联系调换。
售书热线：020-85716833

《新时代干部心理能力建设书系》编委会

参与研究及支持单位

中共中央党校（国家行政学院）

中国浦东干部学院

中共国家税务总局党校（国家税务总局税务干部学院）

中共北京市委党校（北京行政学院）

中共丽江市委党校（丽江市行政学院）

中国健康管理协会

中国领导科学研究会

中国人才研究会

中国健康管理协会公职人员心理健康管理分会

残疾人事业发展研究会心理健康专业委员会

广州市干部健康管理中心

红色地标（北京）领导力研究院

西安思源学院新发展理念与领导力研究中心

总　序

建设高素质专业化干部队伍，不仅包括思想建设、作风建设、组织纪律建设，还应当包括心理能力建设。我们党的干部队伍，不仅要政治过硬，本领高强，还要心理健康。习近平总书记在党的十九大报告中强调，“打铁必须自身硬”，这个“自身硬”既包括信念坚定、思想领先、作风顽强，还包括心理能力素质过硬。2018 年 5 月，中共中央办公厅印发《关于进一步激励广大干部新时代新担当新作为的意见》，其中明确要求，要“满怀热情关心关爱干部。坚持严格管理和关心信任相统一，政治上激励、工作上支持、待遇上保障、心理上关怀”，同时明确要“关注干部心理健康”。在同年召开的全国组织工作会议上，习近平总书记进一步强调，要“真情关爱干部，关注干部身心健康”。此后，中共中央组织部又专门下发《关于认真做好关心关怀干部心理健康有关工作的通知》，对做好干部心理健康有关工作提出了明确、具体的要求。这一系列举措的出台，既体现了中央对干部心理健康工作的重视，也折射了加强干部心理健康工作的重要性与紧迫性。

心理能力本质上就是一种心理能量，是一种面对现实、追求目标、克服困难、完善自我、积极向上的内在力量。积极心理学研究认为，乐观向上的精神状态、主动积极的工作态度、认真负责的专业精神、知难而上的信心勇气、矢志不移的奋斗追求等是组织与个人取得成就或成功的根本所在。把心理能力建设纳入到加强党的干部队伍自身建设中，对于增强党的凝聚力与战斗力，激发各级领导干部心理活力，营造风清气正良好政治生态环境，都是至关重要的。

鉴于此，《新时代干部心理能力建设书系》从新时代建设高素质专业化干部队伍的客观需要出发，从构建社会心理服务体系能力建设的目标要求入手，围绕如何提升领导干部心理能力这个主题，从领导干部心理健康及其维护的各个层面进行了有益探索。其目的在于进一步增进领导干部心理能力发展水平，培育健康积极的心态，为提升领导干部的领导力提供动力支持。《新时代干部心理能力建设书系》着眼于当下领导干部心理健康发展的实际需要，从心理学、领导科学、社会学乃至医疗健康等学科视角对心理健康问题进行了全面深入的解析。这套丛书特色鲜明，亮点突出，针对性强，实用度高，是对干部心理健康进行深入细致研究的系统性创新理论成果，为大家深入认识心理健康、开展自我心理调节、提高心理灵活性、增强积极心理能力等方面提供科学有效的帮助指导。本丛书的突出特点体现在以下几个方面：

一是贴近实际。丛书以各级干部为研究对象和服务对象，聚焦当下领导干部的心理问题，提出了具有针对性的对策建议。透过《把握心理健康的金钥匙》《增强积极心理能量》以及《变革时代的心理适应与发展》的深入阐述与精辟分析，为各级领导干部如何认识心理健康，如何积极响应时代召唤增强积极心理能量提供了许多富有价值的对策建议。

二是科学解读。心理问题既是一种表象，更有着深刻的内在原因。对于心理问题及其存在障碍的解读需要从心理发展轨迹入手，需要从领导干部承担的角色压力及其心理需要进行深入探讨。从书中的《会减压才能从容领导》《构建和谐愉快的人际关系》《健康心态需要自我认知》都是从干部的现实需要入手，从压力缓解、人际和谐和自我认知等大家感兴趣的话题展开。这些深层次的问题，是影响干部心理健康的重要因素。

三是内容丰富。丛书注重理论研究与实践应用相结合。把《领导人格完善与心力提升》《领导养心与养生》也纳入视野，将干部普遍关心的自我人格完善、心理资本、心力与志趣、提升心理生活适应能力等现实问题进行逐一阐述，形成丰富完备的内容体系。《走出抑郁　宽松心态》和《科学化解内心的焦虑》都以大量真实案例为依托，将干部心理问题写活、说透、讲明，为干部创造一个深度共鸣、贴近需求、实用好用的阅读能量场，让干部能够开卷有益。

四是注重应用。《新时代干部心理能力建设书系》从不同侧面对领导干部心理健康进行了深入具体的阐述，提出了许多富有价值的对策建议，有的书稿在内容中间或章节末尾还增设各种心理测评问卷，帮助干部开展自测自评。这套内容丰富详尽的书系，既可以满足干部心理能力建设培训学习的实际需要，也可以作为干部自我提升的案头工具书，满足干部阅读需求。

五是聚贤增慧。《新时代干部心理能力建设书系》聚焦时代需要，着眼未来发展，凝聚集体智慧。在书稿的撰写当中，全国人大常委、中共中央党校（国家行政学院）原校务委员（副院长）陈立教授，中国管理学界泰斗、复旦大学首席教授，东方管理学派创始人苏东水先生，中国健康管理协会会长郭渝成教授，中国领导科学研究会会长冯秋婷教授，心理测量咨询专家、北京师范大学心理学教授郑日昌先生等领导和学界前辈亲自担任书系顾问，对编写工作悉心指导，热情期待，支持鼓励，为编写工作增加了智慧力量。中央党校厅局级干部培训班的许多学员对编写内容及章节体系也提出了许多宝贵的意见建议，在书系付梓出版之际，谨代表编委会对各位领导前辈、专家学者和朋友们的关心帮助表示衷心感谢！

《新时代干部心理能力建设书系》是集体智慧的结晶。书系的诞生不仅为加强领导心理服务体系建设做出了有益的探索努力，更为开展领导干部心理健康教育提供了十分难得的阅读材料，本套书系既可以为各级党校（行政学院）党政干部教育培训、企业领导人才能力提升以及社会团体开展各类心理健康咨询活动提供培训参考教材，也可以为增进领导干部身心健康提供有价值意义的指导咨询与帮助。

是为序。

胡月星

2020 年 12 月 10 日

序　　言

心理学研究人的内在心理过程。这是一个看不见、摸不着的“黑箱”，只有通过对其发生规律的探索和总结来间接推测心理发生机制和发展过程。领导干部作为一个特殊群体，对社会管理和社会服务负有特殊责任。随着经济社会发展加速，中国特色社会主义进入了新时代，这是中国发展的历史方位。面对党情、国情、民情在现代化变革中的呈现特征，领导干部肩上的责任更加艰巨，其面临的工作压力已越来越需要给予足够重视和认真对待。

党和国家历来高度重视人民健康，领导干部心理健康问题亦备受社会关注。2011 年中纪委、中组部、监察部（现国家监察委员会）联合印发《关于关心干部心理健康提高干部心理素质的意见》，2013 年中央国家机关工委印发《关于进一步推进中央国家机关职工心理健康服务工作的意见》，2016 年底卫计委（现国家卫生健康委员会）等 22 个部门联合印发《关于加强心理健康服务的指导意见》等，都对干部心理健康提出了一系列要求。2018 年 5 月 20 日，中共中央办公厅印发《关于进一步激励广大干部新时代新担当新作为的意见》，进一步强调指出要“满怀热情地关心关爱干部”，要“在心理上关怀”，“关注心理健康”。为使更多的领导干部深入把握心理及行为变化特征，更好地培养选拔领导干部，应广东人民出版社邀请，中央党校（国家行政学院）党的建设教研部党的领导与领导科学教研室主任胡月星教授牵头编写本套丛书。总体来说，本册书目有以下特点：

第一，普及心理学知识。心理学的使命有三个方面：一是研究消极心理，帮助人们解决心理或精神疾患；二是研究积极心理，致力于使人们生活得更加充实和幸福；三是研究特殊心理，鉴别和培养有天赋的人。因此，本册书的服务对象不仅针对存在心理问题或困惑的人群，更面向讲政治、顾大局、重核心、论看齐，奔赴在党和国家建设前线的社会主义事业建设者。以期用心理学知识和方法来释放心理压力，调节管理情绪，提升工作效率，提高生命的品质。

第二，指导实践应用。领导干部作为职场人士，在日常管理、人际沟通、选人用人、人格魅力塑造等方面都需要用到心理学规律和技巧；领导干部作为家庭中的一员，在婚姻恋爱、亲子教育、家庭关系等方面也需要用到心理学规律和技巧。本册书主要以领导干部为特定研究对象，以工作、家庭生活中所遇到的实际压力问题为切入点，通过心理学研究成果及实验结论介绍、经典案例示范、心理测试自评等形式指导读者调节情绪、舒缓压力、解决心理问题，从而维护心理健康。

第三，力求实现心理自助。心理自助，健康同行；干部健康，组织共赢。中国特色社会主义进入新时代，我国社会主要矛盾已经转化为人民日益增长的美好生活需要和不平衡不充分的发展之间的矛盾。领导干部队伍如何适应新形势需要，创新思想政治工作，构建心理新常态迎接新思想；领导干部队伍如何面对现实，憧憬未来，满怀热情地工作，需要我们做自己生命的专家、生活的导演去积极探索和尝试改变，实现心理自助。

全书除上述三个特点外，在内容方面涵盖对心理压力知识的解读、压力管理的重要性以及压力的应对与调节等三个部分内容。全面介绍相应部分心理学知识的同时，就如何进行相应的心理自助做了全面的指导。全书内容丰富、形式灵活、可读性强，为领导干部预防与化解心理压力、实现心理自助与成长，提供了较为全面的指导。

在此，尤其需要特别说明的是，若就领导干部心理压力研究体系而言，本书的研究程度还不够深入，研究内容还不够全面。在编写过程中，笔者参阅了《领导心理》《做自己的心理师：税务干部心理健康自助指南》《领导干部心理健康读本》等领导干部心理健康研究专著，深受教益，在此向各位作者表示衷心感谢。由于能力及学识水平有限，不当之处，祈请各位读者指正！

所谓“彰往而察来，而微显阐幽”。多学经典知识，以养“底气”；多学党的重大政治理论，以养“清气”；多学人文哲学知识，以养“大气”；多学科技和管理知识，以养“才气”。使一切有益的知识和文化入脑入心，沉淀在血液里，融汇到从政当中，做到“修身慎行，怀德自重，敦方正直，清廉自守”，方能永葆共产党员的先进性。

刘一冰

2019 年 11 月于西安

目　　录

第一章

揭开压力的神秘面纱

当听到“压力”一词时，你脑海中的第一反应是什么？繁重的工作、没有空闲时间、紧张的人际关系、头痛、失眠……对你而言，压力是否是个令人讨厌的家伙，它每天都在你身边转来转去，怎么躲也躲不开？现实生活中，每个人都会有压力，工作、购房、婚姻、升学、感情等问题让现代人的心理压力越来越大。可以说，完全没有心理压力的情况是不存在的，因为没有压力也是一种压力，它的表现是空虚——一种消极的、没有生机的状态。生活中所有你在乎的事物都有可能构成你的压力源，事务型压力、躯体型压力、观念型压力、人际型压力、环境型压力等各种各样的压力无时无刻不在。而压力的讨厌之处在于，它会一个接一个地叠加，还会相互掺杂，细碎而持久，压得你喘不过气来。

领导干部作为一个独特的社会群体，同样饱受压力困扰。因领导干部对心理压力的处理方式不同，其行政领导风格也不同：积极健康的压力处理方式使领导精神饱满、做事热情、工作状态良好，更易赢得下属和群众的跟随信赖，他们带给人更多的是信心、乐观、快乐等积极感受；消极的压力处理方式使领导精神萎靡、工作紧张、心情沉重，往往让下属和群众感到烦躁不安或紧张畏惧。因此，领导干部塑造健康和谐的心态，学会科学的减压方法，对其树立良好形象、增强工作自信、提高工作效能具有重要作用，同时也影响着组织健康运行、社会和谐发展。心理自助，健康同行；干部健康，组织共赢。在领导干部队伍建设工作中，适应形势需要，创新思想政治工作思路和方法，加强对领导干部心理健康状况的关爱，维护与激发领导干部的心理源动力，是事关领导干部高效工作和组织有序运行的大事。

一、认识压力

1. 压力的本质

压力本身是一个物理学的概念，也可延伸为个体的躯体感受。比如当我们身体受到挤压时，感到的压力就是物理学意义上的压力。这种压力是有形且容易应对的，对个体影响较小。但本书所说的压力特指心理上的压力，即由压力源和压力反应共同构成的一种认知和行为体验。

从心理学角度看，心理压力（Pressure）是外部活动事件引发的一种身体感受，是个体在生活中面对威胁事件或情境反应形成的伴有躯体机能、心理活动变化的一种身心持续紧张状态。当外部活动、环境要求与自身应对能力不平衡时，个体会产生一种身心紧张、内心冲突的状态，该种状态就是心理学意义上的压力。生活中那些让人们感到激动、焦虑、紧张、烦躁不安的事情，都可视为心理压力。在工作或职场环境中，角色成员心中都会对角色职责有一个量的期待标准，当上级角色发送者想要让它符合自己的角色期望时，会通过多种方式与角色当事人就角色职责进行沟通，在这个角色期待不对等的沟通过程中角色当事人就会出现角色压力。

对于压力，我们可以形象地将其比喻为一张拉开的“弓”，“弓”需要拉力才能起作用，“弓”的质量越好，表明它能承受的拉力也就越大，随之“箭”的射程就越远（领导干部的绩效表现）。换句话说，“箭”的射程，是由“弓”的质量和拉力决定的。拉力象征着各种要求指标（压力来源），这种要求既有生活和环境施加于人的压力，也有自己施加的压力，比如身体的压力、心理的压力和社会适应的压力等；“弓”的质量象征着人的适应能力，也就是领导干部面对和应付各种要求的能力，它决定了这张“弓”能够拉伸的程度。

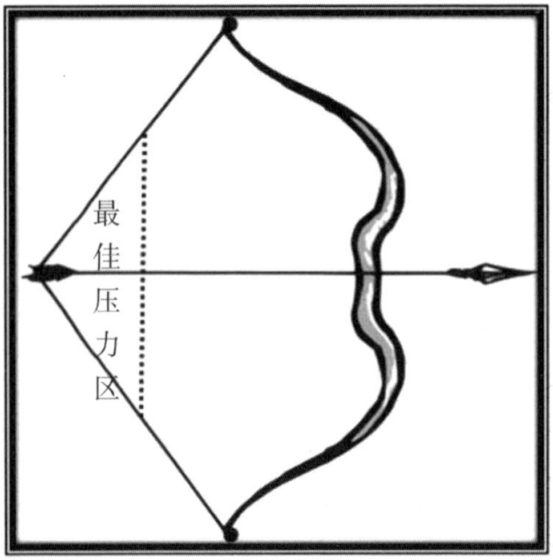

图 1－1　领导干部压力弓形图

2. **压力的表现**

第一，积极压力与消极压力。根据压力的性质，压力有积极表现和消极表现两种，其紧张状态都通过非特异性的生理反应和心理反应表现出来。

积极的心理压力，在生理反应表现上，使人的身体处于兴奋状态，有助于发挥机体潜能，能提高反应速度，预防和治疗癌症，增进人体健康，让人保持良好状态；在心理反应表现上，可以转化为动力，活跃思维，对工作、生活起着良好的促进作用，提高工作效率，提高心理承受能力、抗挫折能力，使人走向成熟。当人体感觉到适当压力状态的时候，体内会分泌出内啡肽，有加强免疫系统、降低血压，甚至延缓身体衰老过程的作用。引用奥地利精神分析学派创始人西格蒙德·弗洛伊德（Sigmund Freud）的话："快乐的秘诀在于工作与爱。"

美国心理学家米哈里·契克森米哈赖（Mihaly Csikszentmihalyi）在其《心流：最优体验心理学》一书中生动讲述了劳动工作者的心理压力体验。里柯·麦德林在一条装配线上工作，他每天完成一个单元，规定的时间是43秒，每个工作日重复600多次。大多数人很快对这样的工作感到厌倦，但里柯做这样的工作已经5年多了，还是觉得很愉快。他对待工作的态度和一名奥运选手差不多——训练自己创造装配线上的新纪录。经过5年的努力，里柯的最好成绩是28秒就能装配完一个单元。以最快速度完成工作时里柯会产生一种快感，他说："这比什么都好，比看电视有意思多了。"里柯知道，很快就会达到不能在同样工作上求进步的极限，所以他每周固定抽两个晚上的时间去进修电子学的课程。拿到文凭后，他打算找一份更复杂的工作。相信他会用同样的热忱，努力做好任何一份工作。

很多时候，在积极的心理压力下，我们做自己非常喜欢、有挑战并且擅长的工作时，会有一种充满能量，并且非常满足的感受。最好的体验和最坏的体验都在工作中，而非休闲中。工作可以单调无聊，但也可能充满乐趣和刺激。

消极的心理压力多是减力的，使人的身体处于亚健康状态，在生理反应上表现为新陈代谢紊乱、焦虑不安、易发怒、头痛胸闷、掌心冰冷易出汗等。长此以往，激素水平长时间居高不下，免疫系统将受到抑制和摧毁；在心理反应上表现为注意力难集中，表达能力下降，记忆力减退，判断力削弱，持续性地对自己及周围环境持消极态度，优柔寡断，自怨自艾等。

在图1-2中，横坐标代表压力来源，即领导干部的工作任

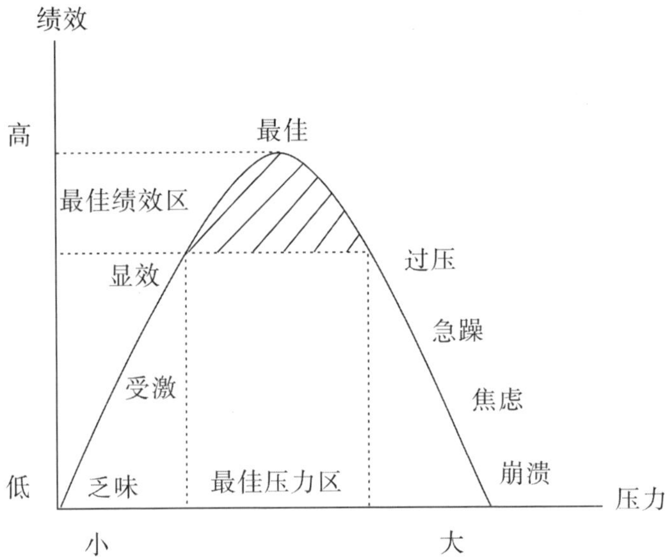

图 1－2　领导干部压力与工作绩效倒 U 型图

务、环境要求或者个人期望水平；纵坐标代表领导干部的绩效表现。整个坐标图是用来衡量领导干部的适应能力。由于个体差异，适应能力也是有差异的。对不同的领导干部而言，同样的要求，甲领导干部可能效能没有发挥到最大，而乙领导干部可能已经快把“弓”拉断了。对同一个人而言，要求太低，拉力不足，“弓”可能处于一种疲软的状态；要求太高，“弓”可能会有被拉断的危险，或者持续过度的拉伸导致“弓”反弹的能力减弱；只有要求适中，“弓”的拉伸程度最大，才射程最远，而且反弹效果也能得到保证。因此，判断压力水平，首先要从内外环境要求与个人的适应能力两个方面进行综合评判。

第二，急性压力与慢性压力。急性压力通常指生物面对瞬间危机时的心理反应。比如一头鹿看到对面来了一头老虎，它扭头拼命奔跑，不跑立刻就会死掉，这就叫急性压力，跑掉了，压力就没了，跑不掉就死了，压力也没了。在面对压力的时候，为了加快逃跑的速度，消化系统、免疫系统、身体机能修复系统等与应对压力无关的系统都会减缓甚至停止，以让出更多的资源给“逃跑”来应对压力。也就是说，生物面对令人烦恼的问题时，会自动降低免疫系统、消化系统、生长系统的功能。这是生物的自然反应，不受意识控制。这也是为什么在长跑后人会呕吐，在考试前后很多人容易拉稀、食欲不好，等等。

慢性压力是人面对长久危机时的心理反应。比如在规定期限内要完成一件紧迫的任务，又如长期处在社会底层、公司底层的人会长期面对较多的社会压力和生活压力。它是一种更加长期和持续的压力，因而也更为致命。假如我们没能管理好日常压力，或者重复接触压力事件，压力水平就会居高不下，这时就可能引发健康问题。长期处于慢性压力状态，会增加肥胖、高血压、心脏病以及消化问题发生的风险，而且它可能与免疫系统功能低下相关，进而导致抑郁、影响生育能力和出现记忆障碍。更为可怕的是，面对慢性压力时，大脑会将免疫系统、消化系统、身体机能修复系统调低，以分配更多的资源给大脑来解决问题。这也是为什么近年来，从事投行、审计等高压行业的人出现轻则消化道溃疡，重则癌症、心肌梗死。因为压力太大，又得不到好的调整和释放，导致免疫功能长期处在较低的水平，促使癌症发生。

案例：

海明威的压力溃堤

消极的心理压力在人们的生活中扮演着一个“无声杀手”的角色。美国著名作家欧内斯特·海明威（Ernest Hemingway），30岁时创作发表长篇小说《永别了，武器》，人们以为这是他的最高水准。然而，他又用了20多年的时间锤炼手艺，直到巅峰之作《老人与海》问世。海明威一向以“文坛硬汉”著称，他的大半生都在不断挑战自我，是美利坚民族的精神丰碑。在这个硬汉世界中，他是唯一的君主。海明威在诺贝尔获奖演说中曾这样叙述自己的心情：“如果是一位出色的作家，他就必须面对永恒，否则每天都会走下坡路。对于一个真正的作家来说，每写完一本书只是标志着他要写出更高水平的书的开始。”从史料可见一斑，名誉给海明威造成了巨大的心理压力，直到有一天，他的世界失控，精神崩溃，在爱达荷州凯彻姆的家中用猎枪自杀身亡。在自杀前几年，肝硬化、糖尿病、足踝浮肿、肌肉痉挛、长期失眠、尿血、皮肤病、高血脂等困扰着海明威，整个人都废了，精神和肉体已经崩溃，没有任何生的欲望。他完全中止了写作。可见，当一个人的现实压力和其心理承受能力严重抵触相悖时，就会产生剧烈的心理冲突，甚至导致自杀。

3. 压力的产生

近年来，党政干部的心理健康问题引起社会越来越多的关注。年年升温的公务员考试热，引发人们对公务员群体的极大关注，公务员群体的心理健康现状如何？真的值得那么多人“千军万马过独木桥”吗？2007年初，《广东省青少年发展报告》显示，在广东省直机关20～40岁的公务员中，50.3%的青年公务员经常感到有压力，31.2%感觉太累。[①] 暨南大学附属第一医院精神心理科透露，在该院就诊的心理疾病患者总数

① 资料来源于广东共青团网，http://www.gdcyl.org

中，公务员约占了10%，比其他任何一个职业的患者都要多。2005年底，黄山市委党校的百余位干部心理健康问题调研显示，干部队伍普遍存在较大的“心理压力”，存在一定程度的“心理不平衡”和“心理疲劳”。

领导干部，是权力的所有者、行使者，同时也是责任、使命的承担者。一个政党、一个组织、一项事业、一件工作等，都有赖于领导干部的组织、指挥、协调、运作。因而，领导干部在领导、引导、指导或影响所属组织、群体、个人，使之向固定目标推进的过程中，所承受的心理压力也最多、最重。因此，只有认识压力产生的原因才能有针对性地处理压力。

第一，压力产生的原因。

心理压力由各种原因引起，美国心理学家格拉斯通（Gladstone）在1978年出版的《测验你自己的心理健康：自我评价工作手册》一书中提出了会给我们带来明显心理压力感受的9种生活变化类型：就任新职、就读新的学校、搬迁新居等；恋爱或失恋，结婚或离婚等；生病或身体不适等；怀孕生子，初为人父母；更换工作或失业；进入青春期；进入更年期；亲友死亡；步入老年。此外，家庭、工作、环境状况的改变，从事工作的性质变化等，也会造成心理压力。受知识评价、性格的差异、客观经历际遇不同，每个人对压力源反应不同，心理感受压力的大小也有区别。

心理学研究表明，个体对成功与失败的体验、对挫折的体验，不仅依赖于客观标准，而且更多地依赖于个体内在的欲求水准。对压力的处理，不仅受到压力强度大小和数目多少影响，还取决于内在品质，个体与个体间有着非常明显的差异。同一件事，在某些领导干部眼里不足挂齿，而在另一些干部看来却是天大的事。是举重若轻，还是举轻若重，与领导干部的性格、认知方式、所处环境、领导地位大有关系。同样的外界刺激，由于不同认知方式，感受到的压力强度也会不同。如果对自己要求过高、过严，习惯把小事放大，小压力也变成了大压力。这一事实体现为，取得相同的成绩，不同的人会有不同的反应。比如，有的人考试得了 90 分，还垂头丧气，懊悔难过。而这对于“60 分万岁”的人来说，已经是很大的成功了。可以这样认为，一个人的欲求水平和主观态度，是决定是否产生挫折的重要原因。中国有句俗话：知足者常乐。就是鼓励人们降低欲求水平，以减少挫折和压力。

第二，压力产生的因素。

领导干部产生心理压力的因素，归纳起来有三个：第一个是自身主体方面的因素，第二个是社会因素，第三个是相互交织的各种因素，比如环境因素、组织因素、人际关系因素。三个因素归根结底是心理因素。[①]

自身主体产生的心理压力，由个人原因导致。领导干部如果没有很好地认识自己，没有清晰的自我意识，就很容易造成心理上的问题。比如有的领导干部讳疾忌医，羞于谈心理问题或故意掩饰自己的心理压力。即使有的干部认识到了心理健康的重要性，也不善于自我调节、自动减压。有了压力以后，在上级面前不敢说，在同事面前不能说，在亲朋好友面前不愿说。由于缺乏自我心理调适手段，心理压力不能得到及时释放，日积月累，结果产生心身疾病，如恶性肿瘤、心血管疾病、呼吸系统疾病、糖尿病等。大量的医学成果证实，这些心

---

① 胡月星：《领导心理》，研究出版社，2017 年版，第 290 页。

身疾病与不良的情绪压力呈正相关。

压力影响着我们的行动、思维，所以我们需要控制压力。但是很多时候，我们难以察觉自己所承受的压力程度。自己的行为是否处于压力之中，除了他人提醒，也可以掌握一些指标进行自我观察。表 1 – 1 在某种程度上可以显示出压力的存在。用该表自我体检，统计一下经常发生在你身上的状况有几个，符合的症状越多，显示出所承受的压力越大。

表 1 – 1　压力状况对照表

认知行为	情绪倾向	生理表现	对外行为
集中精力困难	易发怒	无法放松	坐立不安
热情消失	易激动	失眠多梦	持续性抖腿
持续担心	烦躁不安	常无食欲	摔打物品
无自信	时常沮丧	时常感冒	持续敲打某物品
自尊心差	忧郁	掌心冰冷易出汗	暴饮暴食
对事物偏见	心理纠结	常出口腔溃疡	对事无精打采
想法先入为主	时常伴随紧迫感	头痛胸闷	工作满负荷
没有希望	感情淡漠	肠胃不适	冷漠自闭
恐惧感增强	过于安静随和	经常便秘	不合群
自卑自怜	敏感	舌头常现白苔	善于攻击他人
神经敏感	—	头晕眼花时有发生	自暴自弃
糟糕记忆重复不断	—	稍微做一点事就感到疲劳	坏习惯增多（抽烟、酗酒等）
产生幻觉	—	新陈代谢紊乱	交往能力减弱
少言寡语	—	体重无故加重或减轻	日常争论增多
—	—	其他生理问题恶化	冲突不断

社会因素产生的心理压力，是由领导工作中的不良工作环境、过长劳动时间、工作内容不胜任、工作单调、居住条件落后、经济收入偏低等问题导致。社会因素产生的压力也会使人表现出压力状况对照表中的压力迹象。中央党校（国家行政学院）胡月星教授把社会因素造成领导干部心理不平衡的主要原因归纳为四个方面：一是工作担子重，无力承担；二是社会压力大，不能很好对待；三是外界诱惑多，自己深陷其中；四是家庭矛盾明显，情感压力大。这四个方面被称为“四座大山”。

自身主体和社会因素相互交织产生的心理压力，是领导干部对待自我和社会的态度，是在行动中的价值观体现。这种相互交织产生的心理压力经内化成为领导干部的行为向导，不仅影响着干部本身，也影响甚至决定着整个社会的价值体系。但是心理压力下的这种行为向导不能违背社会公德，丧失原则和行为标准。工作中，我们要调整对现实的心态，积极面对压力，把压力变为动力。避免像少数领导干部一样，在自身主体和社会因素相互交织产生的压力下发生了行为扭曲，导致理想信仰丧失，沉溺于基础物质、精神需求，贪图享乐，对组织失职，对群众失信。

二、消除对压力的偏见

调查显示，对超过90%的人来说，压力总是与失落以及非常不愉快的经历相关。[①] 然而，如果仅仅把压力看成是某种消

① 洛塔尔·赛韦特：《压力管理》，中信出版社，2007年版，第48页。

极的、不健康的，需要尽一切办法避免的事物，这是非常片面的。而且，只认定压力是消极的，这个想法是非常有害的，因为这的确增加了压力产生消极影响的机会。这种消极影响既有生理上的，也包括心理上的。所以，压力处理得好，它会是一个完美的、令人兴奋的“朋友”；处理得不好，它就是一个令你颓废的“敌人”。问题在于，许多人对压力缺乏科学的认识，缺乏应对和化解压力的思想准备，盲目地拼搏与抗争，结果使不少人吃了大亏。事实上，压力并不是绝对消极的。在日常生活的环境中，经常面对可控制的压力，能不断增强个体抵抗压力的能力，使人们的大脑和身体保持在最佳状态，激发人的创造力，让工作更加出色；相反，那些缺乏良性压力的人更容易生病，而且寿命更短。所以，有压力不见得是坏事，我们应该更加全面地来认识和理解压力。

特里吉纳（Tri Kino）是印度著名的医生，他指出：“你的生活要由你自己决定，你的大脑就是控制你生命的枢纽，是健康还是得病，由你自己选择。”在现实生活中，身心问题严重，心理灰暗、压力大，不但会造成事业上的失败，而且会导致人生悲剧。领导干部如果没有很好地认识自己，没有全面、清晰的自我意识，就容易造成心理上的压力问题。领导干部通过不断的挖掘开发，化压力为动力，能自我激发出巨大潜能，在挫折和逆境中得到长远发展。领导干部压力转化为动力的提升主要表现在以下几个方面。

第一，压力是领导成效的重要因素。

心理学家认为，在决定成功的重要因素中，学识上的智力仅起 20% 的作用，其余 80% 来自其他因素，包括情绪、智力、经验、情商等。高智商的人个人业绩会很优秀，但是如果情商不高，其个人生活就会一团糟。“身心不宁，何论政治。”大量的实践证明，在各行各业的人才竞争中，个体智商也有高低之分，之所以能从常人中脱颖而出，一个重要因素就是情绪智商比常人高。领导干部面对压力要具有热烈而镇定的情绪，紧张而有秩序地开展手头工作。不论何人，从事何种事业，积极的增力情绪总能提高人的活动能力，改善精神面貌，使人的工作开展更为顺利。如果不能保持积极健康情绪，出现沮丧、悲观、消极怠工等不良情绪，工作就无法顺利有效开展，落实任务也会大打折扣。因此，领导干部要善于给自己适当压力，学会在复杂的局面中总揽全局，化解矛盾，做到临危不惧、处事不惊。

案例：

精神的力量让人敬仰

在喜马拉雅山高寒地带，生存着一种体长不足 1 毫米的小虫子，人们称它为熊虫。别看熊虫小，他具有极强的生命力，能在 7.5 万个大气压下安然无恙地活着。地球上只有 180 千米的地幔深处才有如此巨大的压力。

相对于小小的熊虫，人的体型简直称得上“巨无霸”了。然而，作为“巨无霸”的人，其所受的压力与熊虫比较起来，几乎可以忽略不计，那么人的抗压能力又如何？现实生活中，有多少人一遇到失业的压力、贫穷的压力、失恋的压力、婚姻破裂的压力、高考落榜的压力等就要死要活，就好像天要塌下来了，就压断了精神的脊梁，就泯灭了生活的信念和希望。与生活在喜马拉雅山高寒地带的熊虫比起来，难道不感到汗颜吗？

我们常常看到，也常常听到，生活中总有这么一些人，成天想着成龙成凤，而一旦遭受挫折、打击和生活的压力时，又妄自菲薄，自轻自贱，悲观绝望。这样的人，确实有必要补上这一堂虫子的生存课，从虫子的生存中吸收一点有益的养分，补补缺“钙”的肉体和灵魂。①

第二，压力是自我激励的重要基础。

作为社会主义新时代的领导干部，必须认识到当前的时代背景，勇敢担负起领导职责，意识到自己所处的地位及所担负的工作责任使命，树立服务人民的观念，对工作尽职尽责，不断加强自我修养，方能适应社会发展，经受住执政和改革发展的考验，积极完成党和人民赋予的领导任务。因此，社会主义新时代的领导干部应当在复杂的境遇下始终给自己适当压力，以保持旺盛的斗志，激发鼓励自己不断奋进，也能促使领导干部恪尽职守、正视现实、适应环境。

自我激励主要表现在个体具有不需要外界奖励和惩罚作为激励手段，自我振奋精神，能为设定的目标自我努力工作，自我进行激发鼓励的一种心理特征。领导不断发展自我不仅有利于领导干部人格的完善和发展，而且有助于领导干部提高领导能力和个人素质。

实践中，领导所处的客观环境不外乎三种情况：优越条件下的佳境、一般条件下的境遇、遭遇挫折失败下的逆境。在佳境中的领导干部备受推崇，从事工作有志趣；在一般境遇中的领导干部无甚烦恼，工作中能给自己一个适宜的方向；逆境中

---

① 黄小平：《熊虫》，《中外文摘》2019 年第 3 期。

的领导干部容易遭遇挫折，内心受伤。在三种境遇中，领导干部要有三种不同的自我压力调整方式：在佳境中的领导干部要防止自以为是、沾沾自喜、得意忘形而走向错误；在一般境遇中的领导干部要防止因无所用心、不思进取、浑噩度日而遭遇失败；在逆境中的领导干部要防止悲观愤懑、浮躁冲动、消极颓废而丧失人格。

第三，压力是积极持续发展自我的推力。

知识、信息时代，世界瞬息万变，动静皆风云，领导干部的压力无时不在。“欲胜人先胜己”，压力下的领导干部唯有学习方能完善自我，超越自我。作为领导干部，有积极的主观能动性，迫切地完善自我、追求自我，不仅有利于他们人格的完善和发展，而且有助于他们提高领导能力和个人素质。

生命早期1000天（即胎儿期到个体出生后2岁），被世界卫生组织定义为一个人生长发育的“机遇窗口期”。个体在生命早期，体能和神经心理潜能发生了巨大发展，但关于自我的看法在一生中是不断变化的，这也在一定意义上保证了发展自我的可能性。领导干部在组织持续的发展变化中，对自我角色的内化、自我学习、自我监督、自我管理、自我调节等，随之发生积极转变。为适应不断变化发展的社会环境，领导干部必须树立学习意识，用高尚的精神激励和鞭策自己，积极进取，求实创新，奋发向上，建功立业。压力是积极、持续发展自我的动力源，领导干部依照自我意识来判断应该做什么、不该什么，能及时意识到自己所处的地位及所担负的工作责任和使命。

压力下的领导干部更能认识到当前的时代背景，不断加强自我修养，方能适应社会发展，经受住执政和改革发展的考验，勇敢担负起领导责任，积极完成党和人民赋予的领导任务。

第四，压力是爱岗敬业的培养皿。

作为领导干部，必须爱岗敬业，结合角色活动和社会实践加强个性修养，在自我教育、自我调节和自我完善的过程中，不断健全心理素质，始终保持清醒的自我意识、稳定的情绪状态、健全的性格和强烈的社会责任。要持续保持这种健全的职业素质，就要确立合适的成就动机，培养职业兴趣所在。

个体的职业兴趣是在一定的生活条件下形成和发展起来的，虽具有稳定性、持续性，但并非固定不变的，也不是先天具有的，而是随着生活条件和工作环境的变化潜移默化形成。

在职业兴趣的培养皿中，有父母的耳濡目染、家庭潜移默化影响，也有教育的整体引导作用。对于成人个体来讲，其职业兴趣更多的是通过实践活动，在积极的感知认识过程中得到发展。虽然职业兴趣一经形成便具有一定的稳定性，但根据实际需要，还是可以通过多种途径，加上自己的努力去改变、发展和培养。一般来说，个体的职业兴趣产生和发展需要经历一个过程，即“有趣—乐趣—志趣”。

“有趣”是职业兴趣发展过程中的第一个阶段，也是职业兴趣发展的基础阶段，它往往短暂易逝，非常不稳定。处于这一阶段的职业兴趣常常与个人对某一工作的新奇感相联系，随着这种新奇感的消失，兴趣也会自然地逝去。对某种工作“有趣”的现象出现于个体刚刚从事该工作，对该工作有种神秘感和新鲜感。当个体打破对工作的神秘感和新鲜感后，若不能持续健康发展，就会从“有趣”变为“无趣”，工作中常见的改行和跳槽现象多发生于这个阶段的后期。

“乐趣”是职业兴趣发展过程中的第二个阶段，它是在有趣定向发展的基础上形成的，是职业兴趣发展的中级阶段。在这一阶段，随着个体职业知识、技能的积累，同事关系的和谐，工作目的的明确，个体的职业兴趣会变得专一、深入起来。要享受工作的乐趣除了保持一种健康积极的心态外，还有一个前提，就是要选择一份自己认为“有趣”的工作来做，然后努力从中寻找乐趣，并建立自己独特的处事风格。俗话说：“干一行，爱一行。”认真地工作才能得到乐趣，而工作的乐趣则来自对工作的胜任。

“志趣”是职业兴趣发展过程中的第三个阶段，当乐趣同个体的社会责任感、理想、奋斗目标结合起来时，乐趣就变成了志趣。志趣具有社会性、自觉性、方向性，是人取得成就的根本动力，是成功的重要保证。政治思想觉悟性高的领导干部能自觉地把对工作的乐趣升华为一种志趣。他们这种志趣产生于对组织工作重大意义的深刻理解，产生于对党、国家和人民的无限忠诚。许多优秀的组织干部能抵挡住“经商热”“拜金热”的冲击，选定自己的人生坐标，始终不动摇从事组织工作的兴趣，根部原因在于他们脑子里始终装着国家和人民，把党和国家的利益置于首位。

三、压力面面观

1. 领导干部压力特点

领导干部压力与其他行业职业压力存在着一定的共性，但由于领导干部职业的特殊性，也有区别于其他行业职业的特点，主要表现在长期性、多元性两个方面。

第一，长期性。成为一名领导干部需要经过严格的层层筛选，相对于其他行业职业而言，其任职难度较大，离职率也相对较低，因此稳定性较高。在遭遇过度职业压力时，其他行业职业人员可以选择离职，通过换另一个工作环境来缓解职业压力，也可以选择变更工作岗位，从事更加胜任的工作。近年来，虽然也有媒体报道领导干部因职业压力过大而离职，但出于对党的忠诚和对人民的责任，更多的领导干部则是选择继续留在原职，在各种压力下就会出现一些长期性的反应，包括成就感下降、情绪低落、工作中缺乏动力与积极性，常常觉得工作充满挫败感，甚至莫名地害怕工作。坚守在岗位的领导干部必须承受职业压力带来的创伤。

第二，多元性。领导干部职业压力的来源相对于其他行业职业而言，更具有多元性。其他行业职业人员的职业压力主要来源于上级领导、工作本身、组织局限、人际关系、薪资报酬等。而领导干部除了同时拥有上述压力外，还有来自组织体制、社会大众、竞争激烈、社会舆论等方面的压力。

首先，我国正处于转型的关键时期，中央纪委和各级纪委监察机关对领导干部的监督力度逐步加强，因此领导干部将更严格、更谨慎地行使手中的权力，这就无形中增加了领导干部履行职责时的压力，或者说是职业压力。其次，领导干部作为行政行为主体，承担与履行着党和政府的公共权力、管理社会公共事务职责，同时随着我国服务型政府建设的步伐加快，社会大众对其也寄予了更多的期望与关注，因此领导干部的职业压力还来源于社会大众的期望与关注。另外，近年来，我国公务员招录人数一直在攀升，精英化程度越来越高，竞争也越来越激烈。激烈的竞争带来的影响将是双重的，一方面对领导干部工作起着激励作用，增强其服务意识，提高其工作效率；另一方面在激烈的竞争环境下，领导干部的职业压力也将随之提高，所以领导干部的职业压力也来源于激烈的竞争。最后，正是由于领导干部职业的特殊性，其压力来源还有隐形的压力，如完美倾向与职业前景等。因此，领导干部的职业压力更具有多元性。

2. 领导干部压力的双重影响

不管是工作中还是生活中的压力，都是不能完全消除的，企图将压力全部消除是一个不明智的选择。假如完全没有压力，人们就会懒惰甚至颓废，很难保证工作效率、完成工作任务。在职业压力的环境下，领导干部必定会受到一定职业压力的影响，但这种影响不全是负面影响，也有正面影响。例如，领导干部在适度压力的情况下，处理一些既具有挑战性，但又能通过自身努力完成的任务时，不仅能够提高领导干部的工作效率，还能激发自身的潜力，赢得下属认同，增添工作乐趣。因此，将压力控制在适当范围内，使压力适度，这样的压力更具有激励性，在工作生活中更多是带来积极影响。

第一，适度职业压力的积极影响 。

适度的职业压力对领导干部的生理健康是有利的。职业压力处于适当水平可以使领导干部自身的免疫机能得以提升，对病菌及细菌的抵抗能力得以增强，从而避免因生理功能紊乱而导致生理疾病的产生，危害身体健康，进而增强了领导干部的身体素质。适度的职业压力还可以促使领导干部产生积极的生理反应，如充沛的工作精力、集中的注意力、高效的工作处理能力等。这种情况下，领导干部会积极、主动、高效、完整地处理工作中所遇到的问题，对于因环境变化而产生的不良影响也会有充沛的生理能量来应对。与此同时，领导干部也要不断加强自身处理问题的能力，探索提高工作效率的方法，实现与工作的高度契合。

第二，对心理的积极影响。

适度的职业压力对领导干部的心理健康同样也有一定的积极影响。首先，适度的职业压力会使领导干部心态良好，拥有幸福感、满足感、获得感、快乐感等积极情绪，很少出现焦虑、痛苦、烦恼、愤懑、不满等消极情绪。其次，心情舒畅有利于领导干部正确认识自己的认知功能和其他心理功能，使得领导干部的认知功能以及其他心理功能得到最大限度的发挥。再次，心情舒畅有利于领导干部的心理健康，减少心理疾病的发生概率。在良好的心理状态下，领导干部对于工作中的挫折和困难都能从容面对，同时还会积极采取措施解决问题并进行理性分析，始终保持高度的工作激情与热情。

第三，对工作的积极影响。

适度的职业压力在对领导干部的生理、心理产生积极影响的同时，也会对工作产生积极影响。首先，适度的职业压力会刺激与激发领导干部的工作热情并挖掘其自身潜能，是领导干部产生工作积极性的动因。其次，适度的职业压力促使领导干部的工作更有成效，使其从工作中获得更多的成就感与满足感，进而使工作绩效达到最佳状态。

有一个著名的案例“鲶鱼效应”，讲的就是适度压力的积极作用。挪威人喜欢吃沙丁鱼，尤其是活鱼。市场上活鱼的价格要比死鱼高许多，所以渔民总是想方设法让沙丁鱼活着回到渔港。可是经过种种努力，绝大部分沙丁鱼还是在中途因窒息而死亡。然而有一条渔船却总能让大部分沙丁鱼活着回到渔港。船长严格保守着秘密，直到他去世，谜底才揭开。原来是船长在装满沙丁鱼的鱼槽里放进了一条以鱼为主要食物的鲶鱼。鲶鱼进入鱼槽后，由于环境陌生，便四处游动。沙丁鱼见了鲶鱼十分紧张，左冲右突，四处躲避，加速游动，这样沙丁鱼缺氧的问题就迎刃而解了，沙丁鱼也就不会死了。如此一来，一条条沙丁鱼便活蹦乱跳地回到了渔港。沙丁鱼躲避攻击的压力使得其产生了能量和生存力，相同道理适用于职业压力。领导干部拥有更高的警觉性与活力，相比较其他人能够更高效、更专注地完成工作任务。反之，在没有压力的环境下，领导干部可能会精神萎靡、缺乏工作动力、失去工作热情，工作绩效也随之明显下降。因此，在工作中保持适度的压力是十分重要的。如图 1 - 3 所示，工作绩效与压力水平是一个倒 U 形曲线关系。当压力处在最高点，即最佳压力水平时，其附近的工作绩效高位区间就是压力最优区，在此区间内，工作绩效始终处于较高水平。因此，当职业压力处在领导干部个体压力

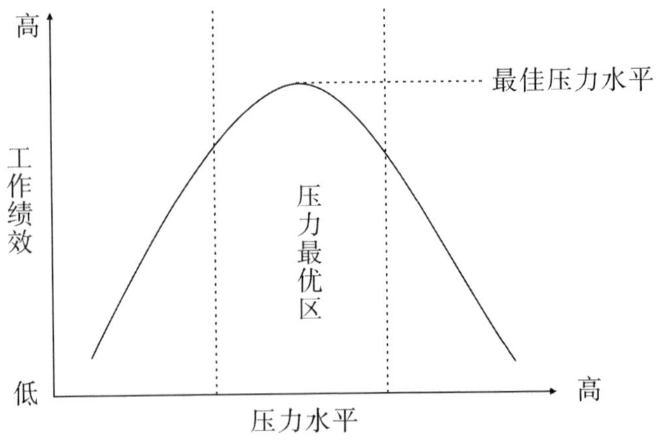

图 1 - 3　工作绩效与压力水平关系图

承受范围内时，位于压力最优区时，将会对领导干部个体以及组织运行产生积极影响。

3. **过度职业压力的消极影响**

第一，对生理的消极影响。在过度的职业压力环境下，公务员的身体健康状况非常不乐观。爱康集团联合今日头条通过深入分析近30万份公务员健康大数据，于2019年3月发布《2019中国公务员健康绿皮书》，向公众解读了公务员群体的健康现状。

2018年公务员人群常规体检结果的数据库有效数据量为295489份，共选取16项体检指标异常来反映中国公务员相关疾病的患病风险，包括心血管：高血压、总胆固醇增高、甘油三酯增高、低密度脂蛋白胆固醇增高；代谢类：空腹血糖增高、尿酸增高；消化系统：脂肪肝、幽门螺杆菌阳性；男性：

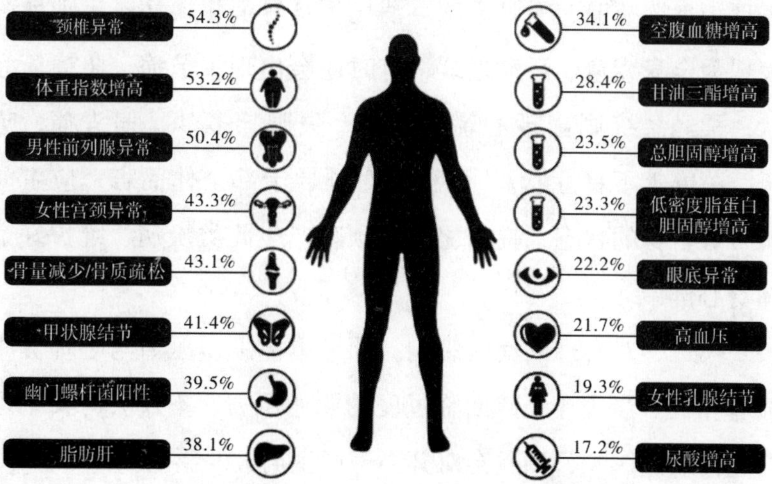

图1-4　公务员体检样本人群16类异常指标检出率①

① 图片来自《2019中国公务员健康绿皮书》。

前列腺异常；女性：乳腺结节、宫颈异常；骨质疏松：骨量减少；以及职场人群常见的眼底异常、颈椎异常、体重指数增高等。结果显示公务员体检样本人群16类异常指标检出率。

过度的职业压力会引发生理疾病，主要表现在以下几个方面：一是亚健康状态。一种潜在的发病倾向，还可能会导致肥胖、糖尿病、心脑血管疾病等慢性疾病，亚健康初期，公务员会出现心慌、耳鸣、头晕、四肢乏力等症状，会降低公务员的身体免疫力，严重影响到公务员的生命质量，造成早病、早衰、早逝等现象。二是慢性疲劳综合征。公务员慢性疲劳综合征表现为：免疫力下降、身体机能各项功能紊乱、反应迟钝、记忆力下降、注意力难以集中等症状。三是身体疾病。在慢性疲劳综合征之后，就会出现一系列身体疾病。这些身体疾病常发生在三个系统：消化系统、运动系统、神经系统。消化系统表现为食欲减退、无饥饿感、消化不良等消化疾病；运动系统表现为全身疲惫、活动迟缓，有时还会出现关节痛、肌痛等症状；神经系统则出现心慌、易怒、失眠、多梦、偏头痛、嗜睡、萎靡等不良症状。[①] 因此，对领导干部个体而言，应主动调节好自身的状态，提高警觉，预防产生此类疾病，维护好个体身心健康。

第二，对心理的消极影响。领导干部工作压力与心理健康显著相关。当领导干部面临过度的职业压力，不仅会对其生理产生消极的影响，而且会对其心理产生消极的影响。

《人民日报》转载的一篇题为《多关注公务员心理健康》

---

① 詹银萍：《我国公务员职业压力的自我应对策略研究》，硕士学位论文，2015年。

的文章说道："有调查报告显示，我国公务员中29.3%的人存在心理问题，在所有心理疾病患者中有10%是公务员，远高于其他群体。在某省的一次职场心理健康调查中，公务员的生活状态评估排名在所有职业倒数第一。"[①] 有学者对新疆哈密市各乡镇公务员进行实证调研，结果显示，30.3%的人认为自己承受了较大的心理压力，22.9%的人认为自己承受了很大的心理压力，1.8%的人认为自己承受着超负荷的心理压力。[②]

领导干部工作中过度的职业压力会产生典型的心理症状：一是情绪的变化。领导干部情绪的变化主要表现为缺少积极性，容易焦虑、紧张、迷惑和急躁，对待下属、群众也冷漠无情，表现出消沉、悲观、沮丧等特点，而且在这种不良情绪的长期影响下，有可能患上自闭症、抑郁症等心理疾病。二是个性的变化。在过度的职业压力下，领导干部会丧失对自身职业的基本兴趣，也丧失了职业目标和理想，部分领导干部甚至会引起自我评价和个人成就感的降低，导致其价值观也发生了变化，感觉工作没有意义，伴随有很强的挫败感。因此，职业压力对领导干部心理上产生的消极影响也不容忽视。

第三，对工作的消极影响。当领导干部工作中的职业压力没有处在工作绩效与压力水平关系的最优区间时，不管压力水平高低，工作绩效会始终处于较低的位置。职业压力过大的环境下，会导致领导干部出现工作满意度下降、工作绩效低下、职业倦怠等不良后果；职业压力过小的环境下，领导干部可能

① 陈鑫：《多关注公务员心理健康》，《人民日报》2015年1月8日。

② 孙葵：《哈密市乡镇公务员的心理健康状况调查及对策研究》，《兵团党校学报》2017年第2期。

会精神萎靡、缺乏工作动力、失去工作热情，工作绩效也随之明显下降，严重影响到政府的行政效能与政府形象。

过度的职业压力对领导干部工作的影响，首先表现在工作满意度下降。由于工作要求过高和工作负荷过大，会导致领导干部丧失工作积极性与热情，领导干部不仅体验不到工作的快乐，还有可能使得其对工作感到力不从心，从而使得工作满意度下降。其次表现在工作绩效低下。由于职业压力过大，领导干部会出现紧张、焦虑等情绪，影响到认知等心理功能和创造力的发挥，自然会导致领导干部的工作绩效低下。再次表现在职业倦怠上。领导干部职业的特殊性再加上过度的职业压力，很容易导致工作中的职业倦怠产生。一旦出现了职业倦怠，领导干部就会出现消极怠工的情绪，工作上迟到早退、对人冷漠，不能及时完成工作任务，导致工作效率降低。领导干部肩负着维护政治稳定、管理和服务社会公共事务的职责，涉及政治、经济、文化以及人们日常生活的方方面面，因而领导干部的一举一动都将受到社会大众的关注，领导干部毫无热情、否定、消极地对待工作的态度将会严重影响到党和政府的形象。

心理健康状况测试

下面70个问题，可帮助你测定自己的心理健康水平，请按自己过去和现在的情况，如实回答。凡是符合提问内容的，在括号中记2分，有点符合的记1分，不符合的记0分，不清楚的也记0分。不必多加考虑，要尽快回答。

1. 如果周围有喧哗声，不能马上睡着。（　）
2. 常常怒气陡生。（　）

3. 梦中所见与平时所想的不谋而合。( )

4. 习惯于与陌生人谈笑自如。( )

5. 经常地精神萎靡。( )

6. 常常希望好好改变一下生活环境。( )

7. 不破除以前的规矩。( )

8. 稍稍等人一会儿就急得不得了。( )

9. 常常感到头有紧箍感。( )

10. 看书时对周围很小的声音也会注意到。( )

11. 不大会有哀伤心情。( )

12. 常常思考将来的事情并感到不安。( )

13. 一整天独自一人时常常心烦意乱。( )

14. 自以为从不对人说谎。( )

15. 常常有一着慌便完全失败的事情。( )

16. 经常担心别人对自己的看法。( )

17. 经常以为自己的行动受别人支配。( )

18. 做以自己为主的事情，常常思维活跃，全无倦意。( )

19. 常常担心会发生地震和火灾等自然灾害。( )

20. 希望过与众不同的生活。( )

21. 自以为从不怨恨他人。( )

22. 失败后，会长时间地维持颓丧的心情。( )

23. 过度兴奋时常常会突然神志昏迷。( )

24. 即使近期发生了什么事故，也往往毫不在乎。( )

25. 常常为一点小事而十分激动。( )

26. 很多时候天气虽好却心情不佳。( )

27. 工作时，常常想起什么便突然外出。( )

28. 不希望别人经常提起自己。（ ）
29. 常常对别人的微词耿耿于怀。（ ）
30. 常常因为心情不好感到身体的某个部位疼痛。（ ）
31. 常常突然忘记以前的打算。（ ）
32. 尽管睡眠不足或连续工作都毫不在乎。（ ）
33. 生活没有活力，意志消沉。（ ）
34. 工作认真，有时却有荒谬的想法。（ ）
35. 认为从没有浪费时间。（ ）
36. 与人约定事情常常犹豫不决。（ ）
37. 看什么都不顺眼时常常感到头痛。（ ）
38. 常常听见他人听不见的声音。（ ）
39. 常常毫无缘由地快活。（ ）
40. 一紧张就直冒冷汗。（ ）
41. 比过去更厌恶今天，常常希望最好出些变故。（ ）
42. 自以为经常对人说真话。（ ）
43. 往往漠视小事而无所长进。（ ）
44. 紧张时脸部肌肉常常会抽动。（ ）
45. 有时认为周围的人与自己截然不同。（ ）
46. 常常会粗心大意地忘记约会。（ ）
47. 爱好沉思默想。（ ）
48. 一听到有人说起仁义道德的话就怒气冲冲。（ ）
49. 自以为从没有被父母责骂过。（ ）
50. 一着急总是担心时间，频频看表。（ ）
51. 尽管不是毛病，常感到心脏和胸口发闷。（ ）
52. 不喜欢与他人一起游玩。（ ）
53. 常常兴奋得睡不着觉，总想干些什么。（ ）

54. 尽管是微小的失败，却总是归咎于自己的过失。(　)

55. 常常想做别人不愿意做的事。(　)

56. 习惯于亲切和蔼地与别人相处。(　)

57. 必须在别人面前做事时，心就会激烈跳动。(　)

58. 心情常常随当时的气氛变化很大。(　)

59. 即使是自己发生了重大事情，也像别人那样思考。(　)

60. 往往因为极小的愉悦而非常感动。(　)

61. 心有所虑时常常情绪非常消沉。(　)

62. 认为社会腐败，不管多么努力也不会幸福。(　)

63. 自以为从没有与人吵过架。(　)

64. 失败一次后，再做事情时非常担心。(　)

65. 常常有堵住嗓子的感觉。(　)

66. 常常视父母兄弟如路人一般。(　)

67. 常常与初次相见的人愉快交谈。(　)

68. 念念不忘过去的失败。(　)

69. 常常因为事情的进展不如自己想象的那样而发怒。(　)

70. 自认为从未生病。(　)

测验计分及结果解释：

第一，把你的记分填入下面表格中。

心理健康状况自我评分表

题号										合计	类　型
1	8	15	22	29	36	43	50	57	64		A 焦躁神经症
2	9	16	23	30	37	44	51	58	65		B 歇斯底里
3	10	17	24	31	38	45	52	59	66		C 精神分裂症
4	11	18	25	32	39	46	53	60	67		D 躁郁症
5	12	19	26	33	40	47	54	61	68		E 抑郁症
6	13	20	27	34	41	48	55	62	69		F 神经质
7	14	21	28	35	42	49	56	63	70		G 虚构症

第二，合计分为原始分，再按下表换算成标准分。

评语	低	稍低	一般	稍高	高
标准分	1	2	3	4	5
A 类原始分	0 ~ 1	2 ~ 5	6 ~ 10	11 ~ 15	16 ~ 20
B 类原始分	0 ~ 3	4 ~ 9	10 ~ 13	14 ~ 16	17 ~ 20
C 类原始分	0 ~ 4	5 ~ 9	10 ~ 14	15 ~ 18	19 ~ 20
D 类原始分	0 ~ 4	5 ~ 10	11 ~ 14	15 ~ 18	19 ~ 20
E 类原始分	0 ~ 3	4 ~ 8	9 ~ 12	13 ~ 16	17 ~ 20
F 类原始分	0 ~ 2	3 ~ 6	7 ~ 10	11 ~ 15	16 ~ 20
G 类原始分	0 ~ 1	2 ~ 4	5 ~ 9	10 ~ 15	16 ~ 20

第三，除去 G 项虚构分，把 A—F 项得分相加求和。

第四，将 A—F 项的加总数值再乘以 3，所得的积即为心理症状指数。

不同分数段及其评语所表明的意义是：

18 ~ 32 分，低，心理健康，无不良征兆。

33～47分，稍低，心理健康，可能某一症状较高。症状类型在3分以上者，必须注意。

48～62分，一般，心理不算健康。须查明4分以上症状类型的原因，并调整或寻求帮助。

63～77分，稍高，可能会有心理问题，最好寻求心理咨询师或专科医院的心理医生的帮助。

78～90分，高，可能患有某种严重的心理问题或心理疾病，必须接受治疗。

第二章

了解压力的分类

目前，在领导干部职业生涯中，存在不同程度的职业枯竭现象。一位基层干部的心声真切地反映了这一现象：自从大学毕业进入体制内，到现在已经差不多10年甚至更久，应该说也算是个老干部了。从科员做起，在很多岗位上历练过，和各种各样的人打过交道，也经历过各种纷繁复杂的场面，目前在单位也算是个中层干部。但是不知道为什么，总觉得自己事业上没什么盼头，感觉一事无成，入职之初的那种热情和冲劲似乎荡然无存了，现在有一种厌烦的感觉，工作压力很大，很少有时间休息，老感觉心理上疲惫，晚上经常失眠，情绪也起伏不定，很容易烦躁。

这是职业倦怠的典型表现，是长期压力所导致的身心疲惫状态。很多基层领导干部长期受执法任务、执法风险、考核评价、监督评议、执法矛盾以及收入与付出不匹配等诸多因素的影响，容易出现疲惫不堪、头晕乏力、肠胃不适、失眠等亚健康状态。这种持续的、弥散性的压力，如得不到及时调整，则易诱发职业倦怠，在工作和生活中常常表现出烦躁易怒、缺乏工作热情和活力、人际关系敏感、有强烈的耗竭感和无助感、冷漠悲观等症状。这类领导干部所表现出的典型职业倦怠，只要进行适度调节，方法得当，在自己现有的基础上做不同程度的努力，就可以追求心理发展的更高层次，不断发挥自身的潜能。那么压力都有哪些类型呢？

一、根据压力的来源

生活中个体会不可避免地遇到各类生活事件，这些事件是人们在生存和发展过程中无法回避的。如入学考试、完成困难的任务、遭遇从未经历的事情以及恋爱、婚姻、就业、失业、亲人亡故、迁居等。

要解决压力问题，第一步就是要找出自身存在的压力来源，也就是被我们认为是威胁的情境、环境或刺激等。根据压力的来源方式，可以将压力分为三种类型：工作压力、生活压力和破坏性压力（极端压力）。

第一，工作压力。工作压力指因工作负担过重、变换生产岗位、工作责任过大或改变等对人产生的压力。工作压力是当前全球性的热点话题，它既是一种强大的推动力，也是一个影响工作绩效和职业健康的消极因素。组织内有许多因素能引起压力感，例如所从事的工作不是自己愿意的事、工作负担过重、工作令人讨厌、难以相处的上级等，都会带来工作压力。

表 2－1　工作压力来源表①

压力源	主要因素	可能后果
工作条件	工作超负荷或负荷不足 工作的复杂性及技术压力 工作决策与责任 紧急或突发事件 物理危险 时间变化	生产线歇斯底里症 精疲力竭 生物钟紊乱 健康受到威胁 烦恼和紧张增加

① 资料来源于 WHO 职业卫生合作中心网，https://www.who.int/collaboratingcentres/database/zh/

（续表）

压力源	主要因素	可能后果
角色压力	角色模糊 角色冲突	焦虑和紧张增加 低工作满意度与绩效 过于敏感
人际关系	缺乏接纳与支持 勾心斗角，不合作 领导对员工不关心	孤独、抑郁 敏感 人际退缩
职业发展	升职或降职 工作安全性与稳定性 抱负受挫	失去自信 焦虑增加 工作满意度与生产力降低
组织系统	结构不合理，制度不健全 派系斗争 员工参与决策权	动机和生产力低下 挫折感 对工作不满意
家庭工作交互影响	引起压力的生活事件 （如婚姻、家庭等）	焦虑和紧张增加 身心疲惫

第二，生活压力。生活压力指日常生活层面如光照强度、重力、电磁场等对个体产生的压力。比如现代电子垃圾、环境污染、太阳辐射、噪声污染等也会对个体产生压力。社会层面压力的影响很早就被当作个体困境的来源进行广泛研究，其中最突出的是过度拥挤和城市的无限扩张。除此之外，还包括科技进步、社会经济地位低下、一些重大的生活变故等。合理应对这些压力源，需要我们改变生活方式，养成良好的饮食习惯、加强身体锻炼、定期放松等。

第三，破坏性压力。破坏性压力又称极端压力，包括战争、大地震、空难、遭受攻击、被绑架等。个体在实际生活中，此类压力并不罕见。经历破坏性压力后，症状是多方面的。破坏性压力的后果可能会导致创伤后压力失调（PTSD）、灾难症候群、创伤后压力综合征等。在强烈的压力经历过去后一段时间才出现的压力反应，是一种延缓压力反应，情绪以沮丧为主，易激惹，同时伴有攻击行为，与亲人变得疏远，对当时的记忆有可能丧失，长期生活中难以集中注意力，回避社会活动，失去安全感等。

工作压力、生活压力、破坏性压力可能以单一形式或叠加形式出现，使压力呈现出如下文所述的不同状态。

二、根据压力的状态

1. 一般单一性生活压力

在日常生活中，人们会不可避免地遇到各类生活事件，这些事件是人们在生存和发展过程中无法回避的，如入学考试、完成困难的任务、遭遇从未经历的事情以及恋爱、婚姻、就业、失业、亲人亡故、迁居、旅游等。如果我们在某一时间段内，经历着某一种事件并努力去适应它，而且其强度不足以使我们崩溃，那么我们称这一压力为一般单一性生活压力。

经历一般单一性生活压力，对于承受人来说，其后效不完全是负面的。在适应这类压力的过程中，虽然付出了许多生理和心理的资源，但是只要在衰竭阶段没有崩溃，并且没有再发生任何事件，那么承受人在经历过一次压力之后，会提高和改善自身的适应能力。以往的许多研究证实，经历过各种压力而未被击垮的人，可以积累许多适应压力的经验，从而有利于应对未来的压力，这正如通常所说的“吃一堑，长一智”。

人们的日常经验也可以证实，自幼处境困难的人，成人之后更能吃苦耐劳，应对各种压力的能力相对较高。

2. **叠加性压力**

叠加性压力指极为严重和难以对付的压力，它给人造成的危害很大。有的人可能在“四面楚歌”中倒下，有的人可能在衰竭阶段被第二组压力击垮。叠加性压力可分为如下两类：

第一类是同时性叠加压力，指在同一时间里，有若干构成压力的事件发生，这时，主体所体验到的压力被称为同时性叠加压力，俗称“四面楚歌”。

第二类是继时性叠加压力，指两个以上能构成压力的事件相继发生，后继的压力恰恰发生在前一个压力适应过程的搏斗阶段或衰竭阶段，这时，主体所体验到的压力被称为继时性叠加压力。

3. **破坏性压力**

破坏性压力上文已作了解释，这里更突出此类压力的强度。

对破坏性压力造成的后果，心理学干预是必需的。早期的心理学干预主要是通过催眠暗示来解除精神障碍，到后来，发现让受害者在社会中与健康人一起工作，或者让患者与其他类型的受害者共处，对缓解症状比较有利。

三、根据压力的影响

根据压力对身体健康的影响，可以将压力分为三种类型：

正性压力、中性压力和负性压力。正性压力即好的压力，产生于个体被激发和鼓舞的情景之中，它会激发个体朝着成就和健康发展，促进工作、生活、学习。中性压力被认为是无关紧要或无所谓的信息、感官刺激，它不会引发后续效应的感官刺激，无所谓好坏。负性压力指真实或想象中的威胁事件，个体对它的反应是厌恶和消极的，它会产生恐惧或愤怒的情绪。负性压力可分为急性压力和慢性压力，前者来势汹汹，但能够迅速消退；后者出现的时候比较温和，但旷日持久。慢性压力是你真正要警惕的心理压力，其对身体的影响更加旷日持久和显著。

1. 压力下健康状态的特点

（1）不觉得痛苦：在工作或某一时间段中，快乐的感觉大于痛苦的感觉。

（2）他人不感觉到异常：领导干部的心理活动与周围环境相协调，不出现与周围环境格格不入的现象。

（3）社会功能良好：领导干部能胜任家庭和社会角色，能在一般社会环境下充分发挥自身能力，善于利用现有条件，或创造条件实现自我价值。

2. 压力下不良状态的特点

不良状态又称第三状态，是介于健康状态与疾病状态之间的状态，是领导干部群体组织中常见的一种亚健康状态。它是由领导干部某些特性行为、性格习惯导致。如：领导干部个体对自己要求过高，完美主义、过于争强好胜等；工作压力大、晋升失败、婚姻家庭问题等；长时间加班劳累、身体状况不良等。其特点是：

（1）时间短暂：该状态持续时间较短，一般在一周以内能得到缓解。

（2）损害轻微：该状态对领导干部其他社会功能影响较小。处于此类状态的领导干部一般都能完成日常的工作、学习、生活，只是感受到的痛苦感大于愉悦感。“累”“没劲”“不高兴”“应付”是他们常说的词汇。

处于不良状态者大部分通过自我调整，如休息、向人倾诉、运动、旅游、娱乐等放松方式能使自己的心理状态得到改善。小部分个体若长时间得不到缓解，就可能形成一种相对固定的状态。这小部分人应该去寻求心理咨询师的帮助，以尽快得到调整。

四、生理压力

生理压力来自外界环境中。不良的工作环境、劳动时间过长、工作不胜任、工作单调、居住条件不理想、经济收入差等问题，都会使人产生压力。此外，生活环境的巨大变迁也会使个体产生应激反应，由此带来压力。

生理压力一方面是生存的压力，另一方面是发展的压力。生理压力分为三个阶段：第一阶段为警觉反应阶段。当个体遇到压力情境时，全身各部位、各器官都会自然动员起来，进入警觉状态以抵抗压力。第二阶段为抵抗期。处于该阶段的个体尝试抵抗，并不断调适自己，以保持高度生理激动。第三阶段为衰竭期。处于该阶段的个体因为长期持续暴露于压力下，耗尽了免疫系统与身体能量，最终导致崩溃。个体处于不同的压力阶段，表现形式也不同。压力状况会影响人际相处能力，对待他人变得冷淡，懒得理人，也不热心助人，容易与人起冲突等。有些人为了逃避压力，还会诉诸药物、烟酒，持久下去，严重的还会变成上瘾行为。有些领导干部可能因为压力太大而形成一些强迫性行为，例如整天担心办公室没锁门窗，所以常常走后又跑回办公室关门窗等。当生理压力减轻或消除，身体功能就会恢复正常，但压力太大或长期处于压力状态下，则会造成一些身心症。

从一个人的经历，往往能看出其成长的生理因素。一个人走过怎样的路，怎样走、走得如何、走得是否完整，可以看清或预测未来他会走什么路。

造成领导干部生理压力的主要原因有“四座大山”：一是工作担子重，无力承担；二是社会压力大，不能很好地对待；三是外界诱惑多，自己深陷其中；四是家庭矛盾明显，情感压力大。“四座大山”压迫下的生物性压力源直接阻碍和破坏个体生存与种族延续，包括躯体创伤和疾病、饥饿、性剥夺、睡眠剥夺、感染、噪声、气温变化等。

虽然压力人人都有，但是压力对个人的影响却因人而异，也因时而异。压力的程度常常是决定于问题的严重性、持续的时间，以及自己当时的状况。例如，同一份工作，对抗压能力较低的领导干部可能会造成生活混乱，甚至有轻生的念头。而对压力耐受者却没有影响，甚至进入全神贯注、投入忘我的状态，在这种状态下压力耐受者忘记了时间的存在，完成这份工作后，会有一种充满能量并且非常满足的感受。可见，相同份量的压力可能使一个人喘不过气，但却对另一个人构成期待已久的挑战。然而，在外界环境中，不论多么强大成熟的人都会经历一些重要的生活事件，如失恋、家庭失和、婚变、亲友死亡、生病、财务纠纷、经济困难、失业等，较容易引发高压力。是否会造成负面的影响，则看我们如何反应。根据表2－2可测试外界环境对个体带来的健康风险，压力指数越高，健康风险越大。长期处于外界压力之下也会出现一系列的生理和心理问题，严重时甚至还会表现出一些明显的异常行为。因此，需要我们用更多途径缓解、消除压力。

表2－2　社会再适应量表（SRRS）

序号	生活事件	压力指数
1	配偶死亡	100
2	离婚	73
3	婚姻失败（分居）	65
4	监禁	65
5	家庭亲密成员死亡	63
6	受到伤害或疾病	53
7	结婚	50
8	被解雇	47
9	与配偶重修旧好	45
10	退休	45
11	家庭成员健康状况改变	44
12	怀孕	40
13	性生活障碍	39
14	家庭中新成员的增加	39
15	职务重新调整	39
16	收入状况的改变	38
17	亲密朋友死亡	37
18	改行	36
19	与配偶争吵次数改变	35
20	负债超过1万元	31
21	贷款或契据取消	30

（续表）

序号	生活事件	压力指数
22	工作中职责变化	29
23	子女离家	29
24	吃官司	29
25	个人杰出的成就	28
26	配偶开始或停止工作	26
27	学业的开始或结束	26
28	生活水平的改变	25
29	个人习惯上的修正	24
30	和上司相处不好	23
31	工作时数或工作条件的改变	20
32	搬家	20
33	转校	19
34	娱乐的转变	19
35	教堂活动的改变	19
36	社交活动的改变	18
37	贷款（少于 1 万美元）	17
38	睡眠习惯的改变	16
39	家庭联欢时人数的改变	15
40	饮食习惯的改变	15
41	度假	13
42	过圣诞节	12
43	轻微犯法	11

评分标准：

0 ~ 149 分是没有重大问题；

150 ~ 199 分是轻微的健康风险（1/3 的可能性患病）；

200 ~ 299 分是中度的健康风险（1/2 的可能性患病）；

300 分以上是严重的健康风险（80% 的可能性患病）。

五、心理压力

精神性压力源是指直接阻碍和破坏个体正常精神需求的内在和外在事件，包括错误的认知结构、个体不良经验、道德冲突以及长期生活经历造成的不良个性心理特点。造成心理问题的压力源绝大多数是综合性的，在分析个体心理压力问题的根源时，必须把生理压力源作为有机整体来加以考虑。往往在生物性或社会性压力源的背后，还隐藏着深层的精神性压力源。

当前我国处于改革发展的关键时期，对领导干部的工作能力和作风素质提出了更高要求。基层领导干部数量多、任务重，肩负着维护一方稳定、发展一方经济的重任，处在社会治理和建设的一线，也担负着联系、组织、宣传群众，把党的路线、方针和政策落实到基层的重要责任。只有具备良好的身体素质和心理素质，才能更好地履行职责，提高执政能力，担负起时代发展的新任务。

领导干部作为走在队伍最前面的领路人，要为社会负责、为团队负责、为自己的行为负责。领导干部的心理压力，主要源自上进心。领导干部作为人群中的少数派，处于人群中相对优势的位置，即使过了争强好胜的年纪，面子和自尊也难以容许自己有不如人之处展现于人前。在领导干部心中常常有这样的问题：别人能做好的事我怎么做不好？别人能用一个月解决的问题我怎么用两个月才解决？

一位地方干部坦言，自己喜欢参加一些异地培训活动，除了可以学习充电外，心情还可以得到放松调整。因为在单位该干部是一把手，下属会看他脸色行事，所以他每天上班从不迟到，斗志昂扬，可以和蔼可亲、接地气，但不能松懈，更不能让人看到自己的沮丧、不满，甚至愤怒都会转变为带有工作目的的“表演”。这既是领导干部所处的生理压力和利益诉求决定了个人的立场和出发点，同时也说明了一个人的位置、层次决定了未来的眼界和思路。因此，领导干部常常会有身在高处的孤独感和无助感，下属所处的工作压力领导干部完全能够了解，而其所承受的压力却无人能懂。

领导干部由普通员工走上领导岗位，必然是因为该个体有常人所没有的能力和业绩。一个出类拔萃的人总会有更高的标准，这个标准不仅用来评价别人，更是用来评价自己。从这个角度来讲，领导干部的心理压力来自工作持续的压力，是一群“很难被满足的人”，高标准、严要求，工作进步动力强大，这也是领导干部对自己施加的持续压力。

心理压力下，从心理健康状态到心理疾病状态一般可分为4个等级：健康状态、不良状态、心理障碍、心理疾病。

1. 健康状态

压力下健康的状态即压力下健康标准，包括以下方面：

（1）领导干部本人不觉得痛苦：在一个时间段中快乐的感觉大于痛苦的感觉。

（2）领导干部本人不感觉到异常：心理活动与周围环境相协调，不出现与周围环境格格不入的现象。

（3）领导干部本人社会功能良好：能胜任社会和家庭角色，能在一般社会环境下充分发挥自身能力，利用现有条件（或创造条件）实现自我价值。

2. 不良状态

该种状态在前文已进行了详细描述，此处不再赘述。

3. 心理障碍

心理障碍是因为领导干部个人及外界因素造成心理状态的某些方面发展的超前、停滞、延迟、退缩或偏离。其特点是：

（1）不协调性。心理活动的外在表现与生理年龄不相称或反应方式与常人不同。如成人表现出幼稚状态、对外界刺激的反应方式异常等。

（2）针对性。处于此类状态的人往往对障碍对象（如敏感的事、物及环境等）有强烈的心理反应（包括思维、情绪及行为），而对非障碍对象可能表现很正常。

（3）损害较大。此状态对人的社会功能影响较大，可能会使当事人不能按常人的标准完成其某些社会功能。如社交焦虑（又称社交恐惧）者不能完成社交活动，广场恐惧者不能在公共场合或者开阔的地方停留，锐器恐怖者不敢使用刀、剪，性心理障碍者难以与异性正常交往等。

（4）需求助于心理咨询师或心理医生：处于此状态的人大部分不能通过自我调整和非专业人员的帮助而解决根本问题，心理医生的指导是必须的。

4. 心理疾病

心理疾病是由于领导干部个人及外界因素引起个体强烈的心理反应（思维、情感、动作行为、意志）并伴有明显的躯体不适感。它是大脑功能失调的外在表现。其特点是：

（1）强烈的心理反应。可出现思维判断上的失误，思维敏捷性下降，记忆力下降，头脑粘滞感、空白感，强烈自卑感及痛苦感，缺乏精力，情绪低落忧郁，紧张焦虑，行为失常（如重复动作、动作减少、退缩行为等)，意志减退，等等。

（2）明显的躯体不适感。中枢控制系统功能失调可引起所控制人体各个系统功能失调。如影响消化系统可出现食欲不振、腹部胀满、便秘或腹泻（或便秘与腹泻交替）等症状，影响心血管系统可出现心慌、胸闷、头晕等症状，影响内分泌系统可出现女性月经周期改变、男性性功能障，碍等等。

（3）社会功能损害大。此状态之患者不能或勉强完成其社会功能，缺乏轻松、愉快的体验，痛苦感极为强烈，“哪里都不舒服”“活着不如死了好”是他们真实的内心体验。

（4）需心理医生或者精神科医生治疗。此状态之患者一般不能通过自我调整和非心理或精神科专业医生的治疗而康复。心理或精神科医生对此类患者的治疗一般采用心理治疗和药物治疗相结合的综合治疗手段。在治疗早期通过情绪调节药物快速调整情绪，中后期结合心理治疗解除心理障碍，同时通过心理训练达到社会功能的恢复并提高其心理健康水平。

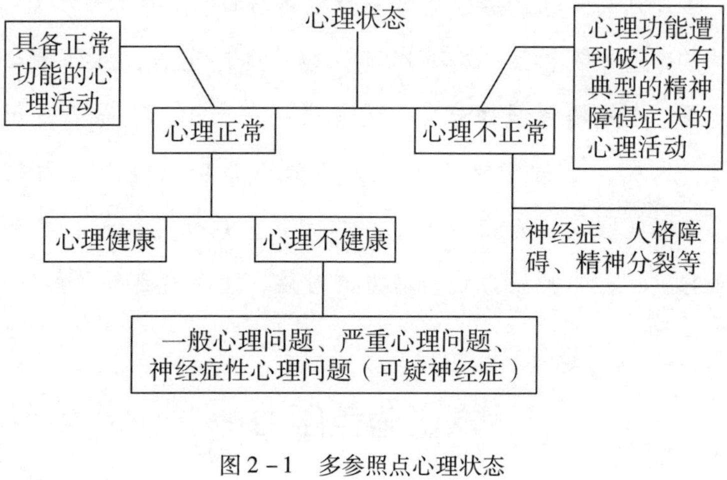

图 2－1　多参照点心理状态

案例：

海伦·凯勒的压力

海伦·凯勒（Helen Keller），美国著名的女作家、教育家、慈善家、社会活动家。她在一岁多的时候，因为生病，从此眼睛看不见，并且又聋又哑了。海伦·凯勒享年88岁，却有87年生活在无光、无声的世界里。对于一个残疾人来说，世界是一片黑暗和寂静，在这样的情况下要学会读书、写字、说话，没有强大的记忆力简直是不可能的事。但是，海伦·凯勒没有向命运屈服，她先后完成了14本著作。

由于又聋又哑，海伦·凯勒从小脾气暴躁，动不动就发脾气摔东西。她家里人看这样下去不是办法，便给她请来一位很有耐心的家庭教师苏丽文。海伦·凯勒在苏丽文的熏陶和教育下，逐渐改变，利用仅有的触觉、味觉和嗅觉来认识四周的环境，努力充实自己，后来更进一步学习写作。

当海伦·凯勒第一本著作《我的一生》出版，立即轰动了全美国。在她的《假如给我三天光明》一文中，更是表达出了坚强、乐观向上的精神，而这一切都该归功于她对生活的认识。当把失明仅仅当作一项压力的时候，她痛苦惆怅，不能真正面对生活；当把压力化作动力的时候，生活就选择了她。

六、角色压力

角色压力（Role stress）经常存在于跨界活动的工作类型

中，它是工作压力的一个重要来源。最早由美国心理学家罗伯特·凯恩（Robert L. Kahn）等学者于1964年研究提出这一概念，并证实角色压力对工作效率和工作满意度的影响显著。个体在对自身能力评估时，由于对组织内给予的角色认识不清晰，觉得能力不足以胜任该角色岗位的职责，或者由于没有办法同时满足上级给予的有互相冲突的需求时，所产生的焦虑和担忧感。换而言之，角色成员心中都会对角色职责有一个量的期待标准，当上级角色发送者想要让它符合自己的角色期望时，会通过多种方式与角色当事人就角色职责进行沟通，在这个角色期待不对等的沟通过程中角色当事人就会出现角色压力。角色压力通常被定义为一种组合结构概念，包括角色冲突（Role conflict）、角色模糊（Role ambiguity）、角色超载（Role overload）三种。①

角色冲突是指角色成员被迫接受不符合他们自身价值观的角色任务，或者从多个领导者中接受多个相互之间有矛盾的角色任务。角色模糊是指角色成员由于没有或缺少对角色定位所必需的资源和信息时，角色当事人对角色产生的一种不确定感。角色超载是指当角色当事人接到任务时，对自身能力和技能与任务进行岗位匹配的时候，觉得自身能力无法胜任或者不能按时有效地完成角色任务。

2001年，荷兰鹿特丹伊拉斯姆斯大学工作和组织心理学院院长戴莫瑞提（Demerouti）提出工作要求—资源模型（Job Demand－Resource Model），通过对各种职业的检验和适用性的验

---

① 何波、李莉莉、袁悦、杨婷：《角色压力研究：理伦与实证综述》，《西昌学院学报（社会科学版）》2015年第2期。

证，认为过多的工作量、组织内的角色冲突、不适当的角色压力、体力透支等工作要求，以及工作中拥有的物质、社会支持的力度、安全的环境等资源都会对工作倦怠造成影响。而工作要求和工作资源两者的平衡将会使员工的健康水平得到提升并维持一定的生产效率。当个体在工作中的角色行为和角色期望发生矛盾和冲突时，个体就会感到压力，也就会变得不满意，工作效率降低。角色压力和工作倦怠的关系是呈显著相关的，工作倦怠的起源主要是因为长期的、超质量的角色负荷也就是角色压力作用下，个体充分自我动员，增加主观努力达到环境和绩效目标要求，努力程度越大，付出的心理、体力成本也越大。另一种是个体的消极应对，即个体从主观上降低对绩效目

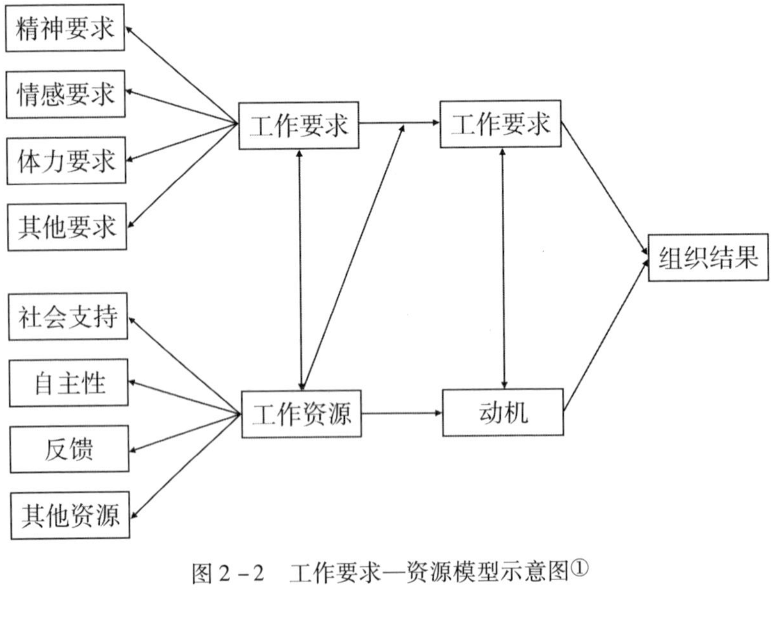

图 2－2　工作要求—资源模型示意图①

① Demerouti E. , A. B. Bakker, F. Nachreiner and W. B. Schaufeli. The Job Demands – resources Model of Bumout [J] *Joumal of Applied Psychology*, 2001, 86(3): 499 –512.

标和环境要求的认知，并保持自己所付出的心理、体力成本，进而引起不敬业。角色压力对于工作倦怠有显著的预测作用。角色模糊越严重，情绪衰竭程度越大，成就感越低。

目前，国内学者在公务员工作压力方面已有的实证调查、访谈及理论研究的基础上编制了《公务员职业心理压力量表》，该量表包括组织氛围、人际冲突、工作负荷、失控感和晋升压力5个维度，表示公务员现面临的主要心理压力来源。该量表的信效度良好，整体模型的拟合度也较好。所以，《公务员职业心理压力量表》可以有效测量公务员的职业心理压力水平。

《公务员职业心理压力量表》[①]

研究对象：由福建省人社厅公务员局发文，由各地市人社局组织随机抽样，共收回来自福州、厦门、漳州、泉州、莆田、龙岩、三明、南平、宁德、平潭各地区公务员1349份调查问卷，其中有效问卷935份，有效率为69.31%。

统计方法：采用SPSS 19.0对样本数据进行描述统计、独立样本t检验、单因素方差分析等。

《公务员职业心理压力量表》各维度分布之被测试的人口统计学特征

统计内容	类别	样本数量	所占比例
性别	男	610	65.24%
	女	325	34.76%

① 陈雨宁：《公务员职业心理压力对幸福感的影响——情绪劳动和心理资本的多重中介模型》，硕士学位论文，2018年。

（续表）

统计内容	类别	样本数量	所占比例
年龄	20－50岁	166	17.75%
	30－39岁	369	39.47%
	40－49岁	258	27.59%
	50岁以上	142	15.19%
职务职级	办事员	45	4.92%
	科员级	492	53.80%
	科级	377	41.28%
职务职级	县务职级	21	2.25%
	厅局级及以上	0	0
工作年限	5年以内	163	17.44%
	6－10年	215	22.99%
	11－20年	229	24.49%
	20年以上	328	35.08%

公务员职业心理压力的总体状况：通过对公务员职业心理压力总分及各个维度进行描述性统计分析，数据结果显示，公务员职业心理压力量表中各维度的均分高低顺序依次为工作负荷、组织氛围、失控感、晋升压力、人际冲突。公务员职业心理压力的平均值为3.09分，标准差为0.68，偏度值和峰度值分别为－0.239和0.128，总体处于中等水平。如下表所示：

《公务员职业心理压力量表》各维度分布之

公务员职业心理能力总体状况表（n＝935）

	组织氛围	工作负荷	失控感	晋升压力	人际冲突	总分
M±*SD*	3.06±0.90	3.64±0.76	2.99±0.86	2.86±0.84	2.74±0.73	3.09±0.68

不同性别公务员职业心理压力的差异比较：对不同性别的公务员职业心理压力进行差异比较分析，结果发现不同性别公务员的职业心理压力不存在显著差异。具体结果如下表所示：

《公务员职业心理压力量表》各维度分布之

不同性别公务员职业心理压力差异比较

变量	性别（M ± *SD*）		*t*	*p*
	男（n = 610）	女（n = 325）		
组织氛围	3.09 ± 0.92	3.03 ± 0.86	0.935	0.350
工作负荷	3.67 ± 0.77	3.57 ± 0.71	1.838	0.066
人际冲突	2.75 ± 0.75	2.70 ± 0.70	1.129	0.259
失控感	2.98 ± 0.89	3.01 ± 0.79	−0.516	0.606
晋升压力	2.88 ± 0.85	2.81 ± 0.82	1.11	0.267
总分	3.11 ± 0.70	3.06 ± 0.64	1.13	0.259

不同年龄公务员职业心理压力的差异比较：对不同年龄的公务员职业心理压力水平进行比较分析，结果发现不同年龄的公务员在心理压力总分和组织氛围、人际冲突、晋升压力三个维度上存在显著差异。事后检验发现，在公务员心理压力总体情况上，30～39岁和40～49岁公务员心理压力显著高于20～29岁（$p < 0.01$）；在组织氛围维度上，30～39岁、40～49岁和50岁以上年龄段公务员的心理压力都显著高于20～29岁（$p < 0.01$）；在人际冲突维度上，30～39岁公务员心理压力显著高于20～29岁（$p < 0.05$）；在晋升压力维度上，30～39岁和40～49岁公务员显著高于50岁以上和20～29岁（$p < 0.01$）。具体结果如下表所示：

《公务员职业心理压力量表》各维度分布之

不同年龄公务员职业心理压力差异比较

变量	职务级别（M ± *SD*）				F	事后检验
	20～29岁（A）（n＝166）	30～39岁（B）（n＝369）	40～49岁（C）（n＝258）	50岁以上（D）（n＝142）		
组织氛围	2.76 ±0.83	3.06 ±0.89	3.21 ±0.87	3.17 ±0.98	9.681**	A＜B A＜C A＜D
工作负荷	3.55 ±0.74	3.69 ±0.75	3.63 ±0.75	3.60 ±0.80	1.157	—
人际冲突	2.59 ±0.75	2.78 ±0.75	2.77 ±0.68	2.71 ±0.74	2.912*	A＜B
失控感	2.96 ±0.83	3.06 ±0.83	2.97 ±0.85	2.87 ±0.97	1.989	—
晋升压力	2.70 ±0.83	2.93 ±0.85	2.94 ±0.81	2.70 ±0.83	5.420**	A＜C D＜C D＜B
总分	2.93 ±0.64	3.14 ±0.68	3.15 ±0.74	3.09 ±0.68	4.286**	A＜B A＜C

不同职务级别公务员职业心理压力的差异比较：对不同职务级别的公务员心理压力进行差异比较分析，结果发现不同职务级别的公务员在组织氛围上存在显著差异。事后检验发现，在组织氛围上，科员级公务员的心理压力显著高于办事员（$p<0.05$），科级公务员心理压力显著高于办事员和科员级公务员（$p<0.05$）。具体结果如下表所示：

《公务员职业心理压力量表》各维度分布之

不同职务级别公务员职业心理压差异比较

	职务级别（M ± *SD*）				F	事后检验
	办事员(A)（n =45）	科员级(B)（n =492）	科级(C)（n =377）	县处级(D)（n =21）		
组织氛围	2.81 ±0.95	3.03 ±0.90	3.16 ±0.88	2.94 ±0.85	3.087*	A < B < C
工作负荷	3.43 ±0.75	3.62 ±0.77	3.648 ±0.741	3.544 ±0.77	1.727	—
人际冲突	2.79 ±0.75	2.69 ±0.756	2.78 ±0.703	2.88 ±0.54	1.691	—
失控感	2.96 ±0.82	2.99 ±0.87	2.99 ±0.87	3.01 ±0.70	0.022	—
晋升压力	2.76 ±0.82	2.83 ±0.85	2.91 ±0.82	2.70 ±0.82	1.145	—
总分	2.96 ±0.69	3.06 ±0.69	3.15 ±0.67	3.05 ±0.58	1.661	—

不同工作年限公务员职业心理压力的差异比较：对不同工作年限的公务员心理压力水平进行差异比较分析，结果发现不同工作年限公务员在总分和各个维度均存在显著差异。事后检验发现，在公务员心理压力总体情况和工作负荷维度上，6～10年和11～20年工作年限的公务员显著高于5年内（$p < 0.01$）；在组织氛围维度上，20年以上和11～20年工作年限的公务员显著高于5年内（$p < 0.01$）；在人际冲突和失控感上，11～20年工作年限的公务员的心理压力分别显著高于5年内和20年以上年（$p < 0.01$）；在晋升方面，11～20年工作年限的公务员心理压力显著高于5年内和20年以上（$p < 0.01$）。具体如下表所示：

《公务员职业心理压力量表》各维度分布之

不同工作年限公务员职业心理压差异比较

	工作年限（M ± *SD*）				F	事后检验
	5年以内（A）（n = 125）	6 ~ 10年（B）（n = 732）	11 ~ 20年（C）（n = 77）	20年以上（D）（n = 1）		
组织氛围	2.78 ± 0.82	3.01 ± 0.89	3.19 ± 0.92	3.17 ± 0.89	6.277**	A < D A < C
工作负荷	3.53 ± 0.74	3.70 ± 0.76	3.73 ± 0.75	3.58 ± 0.76	8.406**	A < B A < C
人际冲突	2.60 ± 0.73	2.74 ± 0.76	2.85 ± 0.74	2.74 ± 0.73	3.380*	A < C
失控感	2.92 ± 0.82	3.06 ± 0.86	3.12 ± 0.86	2.88 ± 0.87	4.00**	D < C
晋升压力	2.66 ± 0.80	2.87 ± 0.86	3.06 ± 0.85	2.86 ± 0.84	4.603**	A < C D < C
总分	2.92 ± 0.64	3.10 ± 0.69	3.22 ± 0.67	3.09 ± 0.68	8.458**	A < B D < C

公务员职业心理压力的总体状况：本研究中，运用自编的公务员心理压力量表对福建省公务员职业心理压力源现状进行测量。公务员职业心理压力总体处于中等水平。结果表明，心理压力源均分高低顺序依次为工作负荷、组织氛围、失控感、晋升压力、人际冲突。对于公务员来说，繁重的工作任务，金字塔般的职位升迁，复杂的人际关系，对工作的失控感和缺乏组织的支持与关心，都是导致公务员职业心理压力的主要来源。

公务员职业心理压力在不同人口学变量上的差异比较：本

研究通过对数据进行独立样本 t 检验和单因素方程分析，比较不同性别、不同年龄段、不同职务级别、不同工作年限四个变量在公务员职业心理压力水平上的差异。

研究结果表明，不同性别的公务员不存在显著差异。这与宋倩茹结果不一致，但与窦秋实研究结果相一致。不同年龄段的公务员在组织氛围、人际冲突、晋升压力三个维度上存在显著差异。其中 30～39 岁和 40～49 岁公务员心理压力的得分较高，20～29 岁公务员心理压力得分最低。这主要因为 20～29 岁公务员刚离开校园参加工作，对工作充满新奇，充满干劲，准备大展宏图。而且这一年龄段，还没有成家立业，不用承担太多的家庭负担，享受单身的快乐生活，心理压力较低。而 30～39 岁和 40～49 岁公务员正是公务员队伍中的中流砥柱，处于职业发展与变动的关键时期，不仅要承担养育子女、担负家庭重担的责任，还要面临激烈的职场竞争和晋升困境等问题，心理冲突和压力就更大。对公务员心理压力的追踪研究中发现 31～40 岁的公务员在总体心理压力的感受上要更加强烈，承受着更多的工作压力、社会压力及个人压力。

不同职务级别的公务员职业心理压力在组织氛围上存在显著差异。在组织氛围上，科级公务员心理压力显著高于办事员和科员级公务员。可能的原因是：从行政级别来说，科级公务员的职务级别高于办事员和科员，属于部门中的领导职位。作为一线部门负责人的乡科级公务员，许多事情都需要他们做出决策并承担相应的职责。相较于科员和办事员来说，他们所感受的工作压力更大，担负的工作负荷和责任更大，他们也希望自己的工作成果能够得到上级领导的认可和信任，渴望组织能够给予自己关怀和照顾。

不同工作年限的公务员心理压力在总分和各个维度均存在显著差异。公务员在工作年限为6~10年和11~20年两个时段，尤其是11~20年，所面临的心理压力最大。公务员在这个阶段是职业生涯发展的黄金期，在单位中可能会遇到一些人际冲突、工作超荷、晋升瓶颈等问题，可能会挫伤公务员的积极性，但也可能会让他们更加成熟和理智的处理这些问题。这一阶段也是公务员职业发展的规划和稳定阶段，需要面临人生的职业发展定位等问题，比如“如何寻求更好的职业发展”“在单位中如何处理好人际关系”“公务员的选择是否适合自己”等这些都是公务员所要面临的问题，以至于这一阶段的公务员承受的心理压力最大。

党的十八大以来，管党治党从“宽松软”走向“严紧硬”，对党员领导干部这一社会角色来说，一方面意味着角色任务更重、角色责任更大，另一方面意味着角色要求更严、角色程序更实。高标准、严要求是我们党管理党员领导干部的一贯方针。特别是十八大后，党中央深入推进全面从严治党，一手抓整风反腐、铁腕治党，一手抓制度设计、立足长远，以治本为治标巩固成果、根除病源。而党员领导干部作为“关键少数”，始终被重点关注监督。这让部分党员领导干部产生了不适不喜之感，进而引发了难受委屈之情。这种负面情绪导致党员领导干部角色行为质量的下降，严重影响工作的开展和个人的成长，因此，学会自我调适尤为重要。

案例：

真理在握

美国总统亚伯拉罕·林肯（Abraham Lincoln），在他上任后不久，有一次将6个幕僚召集在一起开会。林肯提出了一个重要法案，而幕僚们的看法并不统一，于是7个人热烈地争论起来。林肯在仔细听取了其他6个人的意见后，仍感到自己是正确的。在最后决策的时候，6个幕僚一致反对林肯的意见，但林肯仍固执己见，他说："虽然只有我一个人赞成但我仍要宣布，这个法案通过了。"

表面上看，林肯这种忽视多数人意见的做法似乎过于独断专行。但其实林肯已经仔细地了解了其他6个人的看法并经过深思熟虑，认定自己的方案最为合理。而其他6个人持反对意见，只是一个条件反射，有的人甚至是人云亦云，根本就没有认真考虑过这个方案。既然如此，自然应该力排众议，坚持己见。因为，所谓讨论，无非就是从各种不同的意见中选择出一个最合理的。既然自己是对的，那还有什么犹豫的呢？

角色压力与领导干部在组织中所扮演的特定角色有关，当与行为者的期待不一致的时候，角色压力就会产生，进而影响工作执行的成效。领导干部经常会遇到这种角色情况：新的意见和想法一经提出，必定会有反对者。其中有对新意见不甚了解的人，也有为反对而反对的人。在一片反对声中，领导干部犹如鹤立鸡群，陷于孤立之境。这种时候，领导干部不要害怕孤立。角色压力对工作结果有直接的影响，对于不了解的人，要怀着热忱，耐心地说明道理，使反对者变成赞成者；对于为反对而反对的人，任你怎么说，恐怕他们也不会接受，那么就干脆不要寄希望他们会赞同。重要的是你的提议和决策是对的，只要真理在握，就应坚决地贯彻下去。决断是不能由多数人来做出的。多数人的意见是要听的，但做出决断的只能是一个人。

自我评估：SDS 抑郁自评量表

测试简介：

作为一种自评量表，在自评者评定之前，一定要把整个量表的填写方法及每个问题的含义都弄明白，然后做出独立的、不受他人影响的自我评定。

评定时须根据最近一星期的实际情况来回答，否则，测验的结果不可信。

SDS 目前广泛应用于情绪状态的自我评定，但是，请注意 SDS 不能用于抑郁症的诊断，也即此量表只能评定抑郁程度，不能据此判断是否患有抑郁症。

测试说明：

本评定量表共有20道题目，分别列出了有些人可能会有的问题。请仔细阅读每一道题目，然后根据最近一星期以内你的实际感受，选择一个与你的情况最相符合的答案。A 表示没有该项症状，B 表示小部分时间有，C 表示相当多的时间有，D 表示绝大部分时间或全部时间有。

请你不要有所顾忌，应该根据自己的真实体验和实际情况来回答，不要花费太多的时间去思考，应顺其自然，根据第一印象做出判断。

注意：测验中的每一个问题都要回答，不要遗漏，以避免影响测验结果的准确性。

1. 我觉得闷闷不乐，情绪低沉。

A. 很少　B. 小部分时间　C. 相当多的时间

D. 绝大部分时间

2. 我觉得一天之中早晨最好。

A. 很少　B. 小部分时间　C. 相当多的时间

D. 绝大部分时间

3. 我一阵阵哭出来或觉得想哭。

A. 很少　B. 小部分时间　C. 相当多的时间

D. 绝大部分时间

4. 我晚上睡眠不好。

A. 很少　B. 小部分时间　C. 相当多的时间

D. 绝大部分时间

5. 我吃得跟平常一样多。

A. 很少　B. 小部分时间　C. 相当多的时间

D. 绝大部分时间

6. 我与异性密切接触时和以往一样感到愉快。

A. 很少　B. 小部分时间　C. 相当多的时间

D. 绝大部分时间

7. 我发觉我的体重在下降。

A. 很少　B. 小部分时间　C. 相当多的时间

D. 绝大部分时间

8. 我有便秘的苦恼。

A. 很少　B. 小部分时间　C. 相当多的时间

D. 绝大部分时间

9. 我心跳比平时快。

A. 很少　B. 小部分时间　C. 相当多的时间

D. 绝大部分时间

10. 我无缘无故地感到疲乏。

A. 很少　B. 小部分时间　C. 相当多的时间

D. 绝大部分时间

11. 我的头脑跟平常一样清楚。

A. 很少　B. 小部分时间　C. 相当多的时间

D. 绝大部分时间

12. 我觉得经常做的事情并没有困难。

A. 很少　B. 小部分时间　C. 相当多的时间

D. 绝大部分时间

13. 我觉得不安而平静不下来。

A. 很少　B. 小部分时间　C. 相当多的时间

D. 绝大部分时间

14. 我对将来抱有希望。

A. 很少　B. 小部分时间　C. 相当多的时间

D. 绝大部分时间

15. 我比平常容易生气激动。

A. 很少　B. 小部分时间　C. 相当多的时间

D. 绝大部分时间

16. 我觉得做出决定是容易的。

A. 很少　B. 小部分时间　C. 相当多的时间

D. 绝大部分时间

17. 我觉得自己是个有用的人，有人需要我。

A. 很少　B. 小部分时间　C. 相当多的时间

D. 绝大部分时间

18. 我的生活过得很有意思。

A. 很少　B. 小部分时间　C. 相当多的时间

D. 绝大部分时间

19. 我认为如果我死了别人会生活得好些。

A. 很少　B. 小部分时间　C. 相当多的时间

D. 绝大部分时间

20. 平常感兴趣的事我仍然照样感兴趣。

A. 很少　B. 小部分时间　C. 相当多的时间

D. 绝大部分时间

测验计分及结果解释：

正向计分题的A、B、C、D分别对应按1、2、3、4分计；反向计分题的A、B、C、D分别对应按4、3、2、1计分（反向计分的题号分别为：2、5、6、11、12、14、16、17、18、20）。

将20道题目的得分相加得到总分，再将总分乘以1.25，四舍五入取整数即得标准分，标准分分数越高，表示抑郁的症状越明显。

一般来说，标准分低于50分者为正常；标准分大于等于50分且小于60分为轻微至轻度抑郁；标准分大于等于60分且小于70分为中至重度抑郁；标准分大于等于70分为重度抑郁。

第三章

压力的身心机制剖析

对于领导干部群体而言，压力如影随形，繁重的工作、没有空闲时间、协调各种突发状况、工作绩效考核……看起来，各种各样的压力无时无刻不在。

有压力、承受压力是领导干部工作的一部分，如何释放压力、舒解压力也是生活的一部分。想要真正排解压力，需要从生理和心理两方面努力。生理上，我们需要了解压力的诱发条件、压力感受的根源以及压力状态的外在表现；心理上，我们需要了解心理压力的精神负担、情绪表现，以此培养一些有助于解压的生活、工作习惯。

一、探索及观点

1. 领导干部职业压力

职业压力（Occupational Stress）是指当职业要求迫使人们做出偏离常态机能的改变时所引起的压力。职业压力在个体身上造成的后果可以是生理的、心理的，也可以是行为方面的。

过度职业压力引起的生理反应有：心血管疾病、胃肠失调、呼吸系统问题、癌症、关节炎、头痛、身体损伤、皮肤机能失调、过度疲劳以及死亡。研究表明，冠心病（CHD）与在工作中的紧张状态有关。工作上的问题和不满、工作中的压力（例如沉重的工作负担），以及A型行为模式（type A behaviour）均是引起冠心病的危险因素。A型行为模式被确认为冠心病的一个独立危险因素。其基本行为特征是竞争意识强，对他人敌意，过分抱负，易紧张和冲动等。其主要表现为：强调竞争、高度的责任心；工作时极其投入，应付来自日常生活的种种挑战，保持十分活跃繁忙的生活习惯；遇事敏捷但急躁，生活上匆匆忙忙，许多行为带有冲动性；等等。美国行走的思想家罗伯特·O. 卡普兰(Robert O. Kaplan) 等人 (1975) 从8种不同的职业人群中抽取约400人的样本作为研究对象，发现过度的工作负荷指标与悲伤、不愉快及情感抑郁呈正相关①。这些反应是职业压力的一些比较突出的反应。

领导干部在乎的所有事都有可能构成自己的压力源。事务型压力、躯体型压力、观念型压力、人际型压力、环境型压力等各种各样的压力无时无刻不在。过度职业压力引起的心理反应有：焦虑、沮丧、不满、厌倦、心理疲惫、不良情感、机能不全、自重程度低、自我疏忽、精神疾病、愤懑、压抑以及注意力无法集中。

过度职业压力引起的行为反应与潜在的行为反应有：频繁地就诊、使用或滥用麻醉药物或一般药物、饮食过度或厌食、放荡不羁、冒险、攻击、故意破坏他人财产或文化艺术品、偷窃、人际关系紧张、自杀或企图自杀。

经受高度职业压力的人可能会同时或单独出现以上一些反应。根据已有的调查数据，可以做出这样的结论：职业压力会给个体的幸福与健康带来负影响。不同的人对职业压力会有不同的反应。如专制独断、教条主义、对模棱两可的容忍等都是个体潜在差异的一种变量。

领导干部职业压力的产生是由于政府工作的特殊性和工作环境的严肃性，加之工作责任过大、严格要求的工作性质，使

---

① 郑建林：《职业倦怠与工作满意度关系研究》，《统计科学与实践》2012年第1期。

得领导干部在面对这些工作情景时个体感觉超出了自身的能力承受范围，丧失了对某些人或者某些事的衡量、把握而产生的一系列来自生理、心理以及行为上的一种综合的反应过程。

领导干部职业压力实际上是领导干部个体和环境相互作用而产生的结果。对领导干部职业压力的研究，应包括以下三个方面：首先，引起领导干部产生职业压力的内外环境；其次，影响领导干部个体认知差异的因素；再次，领导干部因职业压力而产生的生理、心理上的紧张反应。

根据压力时间长短，领导干部职业压力源可分为长期累积压力源和短期突发压力源，它是一种情境，会给个体带来与职业压力相关的情境。这种情境会使得个体对工作失去控制感，从而在生理或心理上处于一种失衡状态。

2. 需求层次理论

1943 年，美国心理学家亚伯拉罕·马斯洛（Abraham H. Maslow）在《人类激励理论》论文中提出了“需求层次理论”。

马斯洛认为，人的需求是有等级层次的，由低到高排序依次是：生理需求（Physiological needs）、安全需求（Safety needs）、爱和归属感（Love and belonging）、尊重（Esteem）、自我实现（Self - actualization）。五类需求的存在是促使个体产生某种行为的基础，占主导地位的需求决定着个体的行为动机，满足低层次需求以后，个体的满足感将会逐渐减弱，低层次需求的支配能力也将逐渐减小，进而更高层次的需求将出现，并将主导个体行为动机。

需求层次理论反映了领导干部群体最为本质的行为动机。当个体需求得不到满足，就会产生一种心理不平衡的焦虑感，越是高层次的需求得不到满足，就使得这种不平衡的焦虑感越

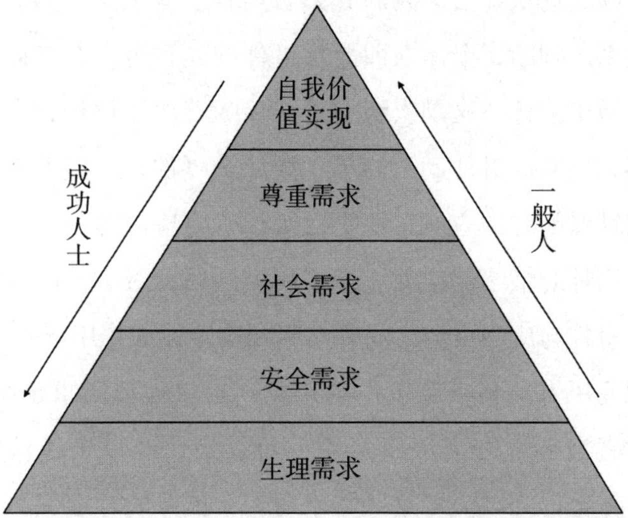

图 3－1　需求层次理论图

为强烈。正是因为领导干部职业的特殊性，其个体对于高层次的需求相对于低层次的需求而言，要强烈很多。因此，当高层次的需求不能被满足时，不平衡的焦虑感将尤为强烈，进而产生职业压力，出现消极行为。

3．领导干部认知评价

认知评价是指个体从自己的角度对遇到应激源的性质、程度和可能的危害情况做出估计，同时也估计面临应激源时个体可动用的应对应激源的资源。对应激源和资源的认知评价直接影响个体的应对活动和心身反应，因而是应激源是否会造成个体应激反应的关键因素。

美国国家科学院院士佛克曼（Folkman）和美国学者拉撒路（Lazarus）（1984）将个体对生活事件的认知评价过程分为两步：初级评价和次级评价[①]。初级评价是个体在某一事件发

① MBA 智库·百科，https://wiki.mbalib.com/wiki/认知评价

生时立即通过认知活动判断其是否与自己有利害关系。一旦得到有关系的判断，个体立即会对事件的是否可以改变即对个人的能力做出估计，这是次级评价。伴随着次级评价，个体会同时进行相应的应对活动：如果次级评价事件是可以改变的，常常采用针对问题的应对；如果次级评价为应激源不可改变，则往往采用针对情绪的应对。许多研究证明，对事件的认知评价在生活事件与应激反应之间确实起到决定性的作用。[①]

职业压力主要来源于主观感觉，当然环境需求也很重要，但是只有当环境需求被察觉到，而且是在经过个体认知评价后，个体觉得难以应付这些需求时，个体此时才会紧张。情绪与动机状态的不同也会影响到认知评价过程，也就是说，相同的环境事件，对于某些人来讲可能会产生焦虑、压抑等带有压力情绪的体验，而对于另外一些人则可能没有这种体验。例如，在工作中，同样是受到领导的严肃批评，领导干部 A 可能会认为上级领导对自己的严肃批评是严格要求，是对自己的栽培和赏识；而领导干部 B 却可能认为是上级领导对自己工作的不信任、不友好或者是刁难，因此信任与赏识的需求满足体验不到，就会导致消极情绪的产生，进而很有可能转化为职业压力。

职业压力其实是领导干部个体对事件认知评价后的一种心理体验。简而言之，职业压力的产生从认知评价角度来看主要分为两个阶段：初次评估，首先判断压力源是否对自己有威胁性和逼迫感，这与每个人的能力特质有着紧密的联系，是领导

---

① ［美］卡巴尼斯等：《心理动力学疗法》，中国轻工业出版社，2012 年版，第 27 页。

干部个体的主观判断；二次评估，对自身所拥有资源以及对自身能力进行思考，思考是否有可行性办法来缓解压力，也就是说，领导干部个体将如何处理这个压力，如何获得处理压力的正确方法。当威胁性和逼迫感强烈，领导干部个体没有足够能力也无法获得足够资源来应对压力时，就会导致职业压力的产生。

4. 身心反应

身心反应是指因身体生理因素的变化导致并影响心理变化的过程。一般情况下，当个体感知到压力存在时，就会出现一系列异乎寻常的身心反应，如易怒敏感、焦虑、紧张、血压升高、心跳加速、情绪高涨或低落、思维敏捷度下降或上升、工作效率提高或降低等。这里的身心反应主要是指领导干部意识到威胁性情境或事件时，使其心理的宁静、身体的健康、自尊的维护、事业的成败等受到威胁或者处于危险的状况时所做出的一系列反应。当然，如果领导干部自身能够积极地应对压力，做出正确的认知评估与正面的回应，领导干部所出现的身心反应也将是积极的。

此处讨论的是领导干部遭遇过度职业压力时所出现的不良身心反应，主要表现在身体与心理两大方面。首先，身体方面的反应有：出现失眠，总是感觉到疲乏无力，而且容易生病；变得焦虑、紧张、易怒；精力不集中，甚至严重影响到工作；体重突然增加了或减少了；免疫力下降，特别容易感冒或感染其他疾病；还有可能会打乱良好的健康生活习惯，不再经常锻炼，三餐饮食混乱，进而导致其他身体健康问题的出现。其次，心理方面的不良反应表现为过度职业压力使人产生不良的心境：对自己的工作不满，对自己缺乏信心，自我效能感下降，精神萎靡不振，认为积极主动工作与消极被动工作的结果都是一样的，对任何事都不感兴趣，等等。

情绪是主观认知经验的通称，是多种感觉、思想和行为综合产生的心理和生理状态。情绪稳定性反映了领导干部的情商高低。领导干部面对各种压力时，除了要很好地感知压力外，还应对自己的情绪进行调整和管理，具体包括以下方法：

（1）用责任感击败坏情绪。把压力和责任紧密联系起来，站在使命感和道德感的高度去抚慰民情、体察民苦，以为人民服务的心态对待迎面而来的各种压力。

（2）完善社会支持系统。一旦压力带来了情绪波动，除了用责任来“堵”之外，还应进行“疏”，做到“堵”“疏”结合。领导干部通过与亲戚朋友特别是家人，进行很好的沟通，化解压力传导带来的情绪问题。

（3）努力营造积极健康的人际氛围。领导干部要把压力理解为不是一个人在面对，而是一个团队在面对。如果把坏情绪传染开来，周围的同事、下属也会受到影响。通过团队成员的精诚合作，激起大家共同面对压力挑战，树立战胜压力的必胜信心。倘若把自己受到的压力挫折变成了对群众的不满甚至对立行为，必然导致干群关系紧张，影响社会的稳定与和谐。

领导干部群体压力产生的过程实际上就是领导干部个体在面临各种压力的同时并对其做出认知评估后，所做出的一系列

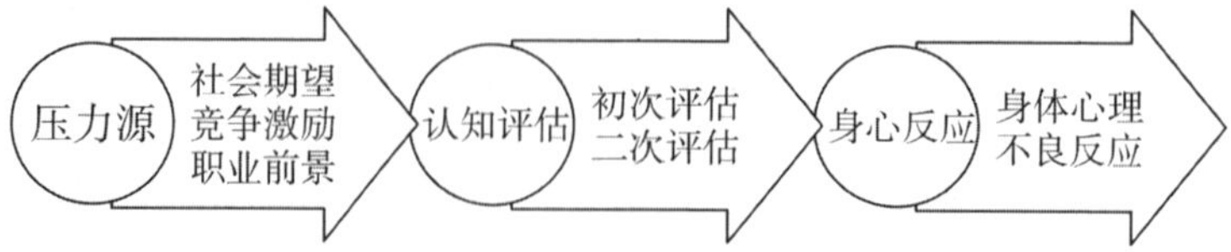

图 3－2　领导干部职业压力产生过程图

身心反应，最终是领导干部个体对于压力自我感受的一种表现。因此，从领导干部自身的角度去寻找职业压力的应对策略是具有重大意义的。如图3－2所示，可看到领导干部职业压力产生的过程。

二、压力对健康的影响

1. 生理压力对健康的影响

在“万里挑一”的热度和职场“金饭碗”的光鲜背后，领导干部承载着太多艰辛与不易。工作节奏快，工作压力大，加班加点、连续作战是家常便饭，这也导致领导干部身心健康每况愈下。

在生理方面，压力过大对健康的反应是：新陈代谢紊乱、心悸和胸部疼痛、掌心冰冷或出汗、呼吸急促、心跳加快、消化系统问题（如胃部不适、腹泻等）、恶心或呕吐、免疫力降低等。有的人还会头晕头痛、食欲减退、腹痛腹泻、疲惫不堪。长期生理紊乱将使个体逐渐患上各种慢性疾病甚至诱发潜在的身心疾病，比如胃溃疡、癌症等。调查显示，乳腺癌患者大多是以高标准要求自己的人，正是自己给自己施加了大量压力。

心理压力大的人精神负担较重，或悲观孤僻，或忧郁沮丧，或逃避现实。像感冒也会经常“找上”精神紧张、神情沮丧的人，其感冒发病率是正常人的3～5倍。疾病带来的身体不适又会导致个体消极的行为表现和心理方面的种种不适。

在心理方面，压力过大对健康的反应是：对周围环境不满意、无端地发脾气、小题大做、易激怒、反应过于敏感等。最明显、最常见的承压表现就是情绪不稳定。当个体表现出这些情绪，说明个体当前或一直以来承受的压力已经超出了自己的承受能力，需要适当减压。

当压力减轻或消除，身体的功能就会恢复正常，但压力太大或长期处于压力状态下，则会造成一些身心症，例如高血压、偏头痛、腰酸背痛、心脏疾病、肠胃疾病（如消化不良、胃溃疡等）、月经失调、皮肤病变（如湿疹、皮肤炎等）等的问题。此外，由于压力过大，将会使免疫系统功能减弱，也使人们变得很容易生病。所以，当你发现最近容易感冒或生病，也许要问问自己最近是否压力太大。如果你还出现背痛、疲劳、头痛、失眠、喘不过气、颈部紧、反胃、便秘或腹泻、体重增加或减少等症状，就要尽快找医师检查。除了生理因素的检查外，还要注意心理因素，因为身体正传递出重要的信息——你可能压力过大，已经超过自己所能负荷的程度。

“大树理论”原本应用在管理学中，但逐渐引申出生理的意义，并常被描述为“献给浮躁的年轻人的大树理论”，用来形容励志成长。从一棵树苗成为大树，必须能够经受各种风霜雨雪的考验，具有超凡的生理能力，并具备以下条件：

（1）时间条件。绝对没有一棵大树是树苗种下去就马上变成了大树，一定是岁月刻画着年轮，一圈圈往外铺展、成长、阅历。每当遇到外来挫折和困难，让我们想想大树的成长，今日的枝繁叶茂绝非仅是昨日所为。我们所期待的成功也并非是一朝一夕的事情，一定是随着时间、经验、能力不断积累而获得。每一次的超越都将是无可替代的成长蜕变，得之不易，弥足珍贵。

（2）坚持初衷。成为一棵大树，并非一蹴而就。可以被称为大树的，一定是千百年来，经风霜，历风雨，屹立不动。如果只是经历阳光雨露，给予大树生长的光照、营养和环境，没有狂风霜雪，就不会珍惜大自然的恩赐。而每一次的狂风霜雪，会使大树更加坚定、无所畏惧，不会因为每次经历坏天气就想到去找避风的庭园。

（3）根基。大树有千百万条根，粗根、细根、微根，深入地底，不停吸收营养使自己成长。绝对没有一棵大树没有根，也绝对没有一棵大树的根不深入地底。根基是大树吸取营养的源泉，没有根就不会有大树。如果根基不牢，大树就会被风吹走，甚至连根拔起。为了寻找更多的营养，大树努力地把根深入地底。只有不断地从大地母亲的怀抱中吸收养分，使自己的根基壮大、牢固，才能经得起岁月和时间的考验，才能使自己成长。

（4）向上长。绝对没有一棵大树只向旁边长、长胖，却不长高。一定是先长主干再长细枝，互有空间，越向上长，空间越大，越能成为一棵大树。园艺师都有这样的心得体会：多余的残枝只能装点暂时的茂盛，对大树而言残枝是累赘的。大树之所以能成为栋梁，是靠不断地修剪枝叶。所以要想成为大树，必须懂得一直向上。只有向上成长，才能使树干和每个细枝拥有更大的空间。

（5）向阳光。绝对没有一棵大树向黑暗生长。积极地向光生长，就是大树的希望所在，就是为了争取更多光明。要想成为大树，心中的目标就是一定要积极寻找阳光。阳光才是大树的希望所在，向着光努力方能向着成功。

2. **心理压力对健康的影响**

压力并不是绝对消极的。在日常生活的环境中，经常面对可控制的压力，能不断增强个体抵抗压力的能力，使人们的大脑和身体保持在最佳状态，激发人的创造力，让工作更加出色。相反，那些缺乏良性压力的人更容易生病，而且寿命更短。所以，压力不见得是坏事，我们应该更加全面地来认识和理解压力。

压力对心理健康带来负面的影响表现在，经常遭遇压力的人有较高的概率患忧郁症与其他心理症状。工作和生活中常会遇到这样一些人，他们不停抱怨自己的生活，讲话尖酸刻薄伤害他人，性格急躁，总是十分忙碌。即使没有那么严重，平常的压力事件也可能会带来忧郁、恐惧、焦虑、不安、对未来感到无望、无助、沮丧、担心、心情烦乱、自责愧疚等情绪，尤其多数人在高度压力下都会变得浮躁不安、容易动怒。例如，一位父亲面临失业压力时，容易情绪失控。当孩子在一旁嬉闹并不知情时，这位父亲可能更生气，动手打小孩。若接二连三发生，很可能就演变为家庭暴力。而另一部分人恰恰相反，他们安分随和、客气有礼、脾气好，但却少言寡语，也少见真正的笑容，其实这部分群体也在承受着超出自身承受力的心理压力。这种超出心理压力的状态已经影响到个体正常生活和社会交往，很难成为合格的领导干部，需要给予更多关注和必要治疗。更为严重的心理压力会出现情感淡漠、幻觉、妄想、自杀意念等病态心理。比如有些精神分裂患者，生病的原因诸如亲人离世、婚姻状态改变、职务重新调整等重大生活事件。重创下的生活事件给人巨大的心理压力，承受能力有限的个体于正常途径无法消解，只好进入个人虚拟世界。在某种意义上，这也是一种逃避。

生理压力、心理压力对健康的影响症状并不是独立存在的，而是相互联系、相互呼应的。其中，生理反应最直接、最诚实，心理反应是根源，二者皆从个体行为中表现。当工作一项接一项下达，领导干部没有能力解决，长期如此就会觉得没有办法集中精力、身体疲劳乏力、睡眠不好、烦躁不安、效率低下。持续的压力下，致使领导干部在工作上懈怠，人际关系恶化、逃避责任、培养不良兴趣爱好，部分领导干部会引发身体不适，如经常性感冒、原因不明的低烧，更有甚者还会有自杀、杀人、破坏性违法等病态行为。可见，心理压力涉及领导干部的日常生活，影响其内在状态和内心体验，破坏其健康水平和生活质量，也威胁到生命的自我意识和自我保护。因此，在感受到压力时，要及时找到造成个体压力的影响因素，对症下药，方能快速有效消除心理压力，维持身心健康，为新时代社会主义工作提供保障。

3. **生理压力与心理压力共同作用对健康的影响**

生理压力与心理压力常常伴随出现，一旦生理压力过大，会迅速引起心理压力。外在表现上，生理压力最为直接，是心理压力的根源。处于生理压力和心理压力下的人常有这样的行为表现：在工作上，消极怠工、工作效率低下、逃避责任、跳槽；在人际交往上，常与他人发生冲突、人际关系恶化；在生活习惯上，不良嗜好增多，无节制吸烟、酗酒，甚至吸毒麻痹自己，更有甚者会有自我伤害、报复社会等病态行为。

当生理压力事件一件接一件发生，承受个体没有能力及时解决，处于该压力下就会引起心理压力，个体表现为无法集中精力、疲劳乏力、睡眠不好、烦躁不安、工作学习效率持续下降。持续的综合压力下，可能常常让承受者感到浑身不适，出现生理健康指数下降等现象。即使去医院检查也查不出病因，若求助于心理学或精神病学医生治疗反而效果会好。因此，在感受到较强压力时，要及时找到个体感受到的压力因素，对症下药，这样才能快速有效消除压力，维持身心健康。

领导干部因为拥有决策权，就不可避免地承担起绝大部分工作，意味着领导干部要进行创造性行为和活动、要充分发挥潜能、要勇于接受挑战、要时时刻刻面对复杂的环境、要不断取得成绩……没有人能不犯错，只能尽量少犯错误，避免致命错误。对领导干部而言，其领导的团队越大，责任也就越大，个人成败也许能看开，但团队存亡却无法释怀。失败挫折可以使领导干部产生无力感、意志消沉、情绪忧郁，从此一蹶不振。但如果调适得当，可以化压力为动力，自我激发出更大潜力，继续前行。

案例：

百二秦关终属楚

《史记·项羽本纪》载："项羽乃悉引兵渡河，皆沉船，破釜甑，烧庐舍，持三日粮，以示士卒必死，无一还心。"

公元前207年，秦国的30万人马包围了赵国巨鹿（今河北省平乡县），赵王连夜向楚怀王求救。楚怀王派宋义为上将，项羽为次将，率领20万人马去救赵国。谁知宋义听说秦军势力强大，走到半路就停了下来，不再前进。军中没有粮食，士兵用蔬菜和杂豆煮了当饭吃，宋义也不管，只顾自己举行宴会，大吃大喝。项羽当机立断，挥起刀，杀了宋义，自己当了假上将后，带领部队去救赵国。

项羽先派出一支部队，切断了秦军运粮的路，亲自率领主力过漳河，解救巨鹿。待楚军全部渡过漳河以后，项羽让士兵们吃饱饭，每人再带三天干粮，传下命令：破釜沉舟。把渡河的船凿穿沉入河里，把做饭用的锅砸碎，把附近的房屋统统烧毁。以此来向部下表示有进无退，一定要夺取胜利的决心。

楚军士兵见主帅的决心，就谁也不打算再活着回去。在项羽的亲自指挥下，以一当十，拼死杀向秦军，经过连续9次冲锋，秦军大败。这一仗不但解了巨鹿之围，而且把秦军打得再也振作不起来，过了两年，秦朝灭亡。从此，项羽当上了真正的上将军，其他许多支军队都归他统帅和指挥，他的威名传遍了天下。

三、阳光和月亮都能给人们不同的感受

良好的压力应对能力是评价一个人素质健全和健康发展的重要能力指标。不管是工作中还是生活中的压力，都是不能完全消除的。面对困难、压力等不良情境时，领导干部如何很快把自己的情绪调适到良好的状态，不仅关乎其事业发展，更关乎其生活的幸福指数。

人们对压力存在一种偏见，甚至谈“压”色变。事实上，压力可以成为动力的源泉，压力倒U形曲线表明，压力有三种形态：压力不足、压力过度和健康压力。压力不足者感到无聊，对生活和工作没有激情，动机不明，情绪低落，不愿

意承担任何风险性的工作，什么都不愿意做。压力过度者倾向于太过分地要求自己，容易拖延时间，心情烦躁，工作失误，效率低下。拥有健康压力的人，则表现为兴奋、富有挑战性，思路清晰，工作成就感强烈。2019 年，中国人民解放军 61716 部队助理研究员岳恍对政工骨干进行了问卷调查和座谈访问。调查发现，导致基层领导干部产生心理压力的主观因素较多，认为来自工作的占 68%，来自前途后路的占 17%，来自家庭问题的占 12%，还有来自人际关系、部队环境等其他原因。这些压力的诱发因素主要体现在内外环境与个人的适应能力方面。调研者感到，当前基层领导干部安心稳定、精神振奋是主流，但也表现出工作中有观望、平静中有躁动、稳定中有隐忧等现象。基层领导干部面对改革带来的利益的调整，面对新体制、新职能的职责要求，不同程度地存在思想疑虑和担忧顾虑。这里我们从积极压力和消极压力两方面进行综合比较分析。

1. 积极压力

如图 3－3 所示，积极压力处在压力倒 U 形曲线顶点左右

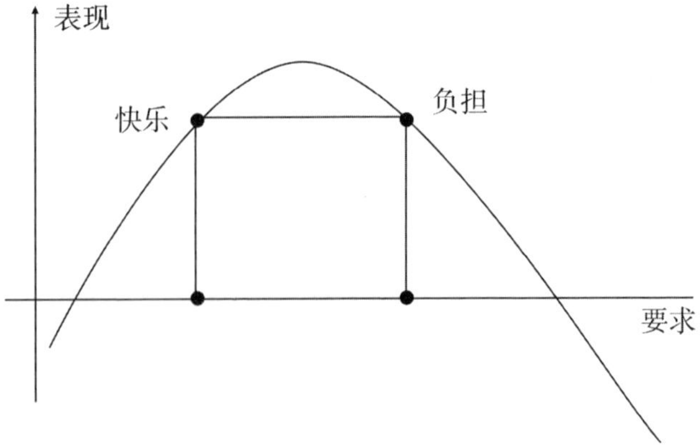

图 3－3　积极压力倒 U 形曲线图

的一段区间内，当领导干部处于该区域，所面对的是积极的压力。顶点本身代表了超越单纯快乐的一种境界。在这种情况下，适应力符合这条曲线的领导干部能够发挥最大作用。换句话说，在这种情况下，领导干部给自己设定的要求，或者说生活和工作的环境施加的要求正好与其能力在同一水平线上。

因此，处于该区域的领导干部表现会很优秀，不管做什么都会很高兴。身体状况也为行动做好了全部准备。在这个阶段，更多的要求甚至可以增加快乐和满足感。更重要的是，在这个阶段，要求增加得越多，领导干部的表现就越出色。但是，在这个区域并非一直都能发挥最大的能力，具体要看距离曲线的右侧有多远。但是在该区域阶段，不论做什么，即使是一件艰难的事情，领导干部也能从中得到乐趣。

2. 消极压力

人类天生就能应付压力，甚至应对巨大的压力，只要压力持续的时间不是太长。但是，如果压力太大，尤其是又持续了很长一段时间，那么即使是最坚强的人，适应能力也会消耗殆尽，领导干部也不例外。让适应力增强的不是压力本身，而是由压力到恢复、由压力到放松的轮流交替。

消极压力的第一种形态如图 3 – 4 所示。如果领导干部自身承担压力持续的时间过长，工作效率便开始降低，倒 U 形曲线开始向右侧下降，这表示领导干部将开始经历消极压力的第一种形态。在下降刚开始的阶段，会觉得要求成为一种重负。此时请注意，这并不意味着领导干部的表现不够优秀。其实此时的表现仍然和快乐阶段的表现保持在同一水平线上，但是，不同的是领导干部从自我感受上已经无法享受工作的快乐。当领导干部处于这个阶段，提高要求很可能导致表现更差。当越过顶点，要求继续增多，这些要求就会成为一种真正的负担，直到最后，压力就会威胁领导干部的心理和生理健康。

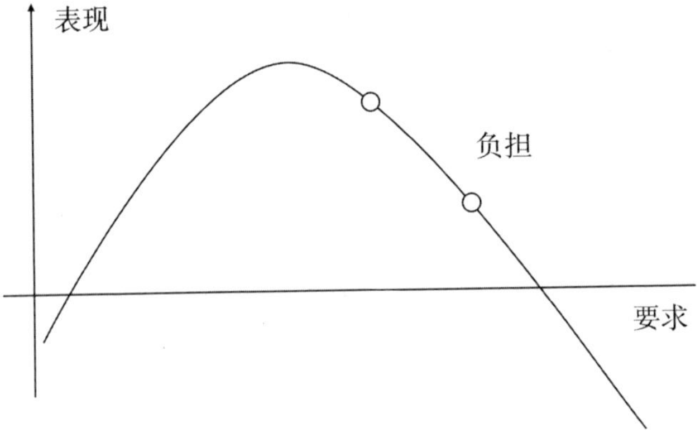

图 3－4　消极压力倒 U 形曲线 I

消极压力的第二种形态如图 3－5 所示：当要求过低，与领导干部的能力相差太远时，领导干部的表现也会很糟糕。在这种情况下，倒 U 形曲线开始向左侧下降，这意味着领导干部没有完全展现出自己的能力。

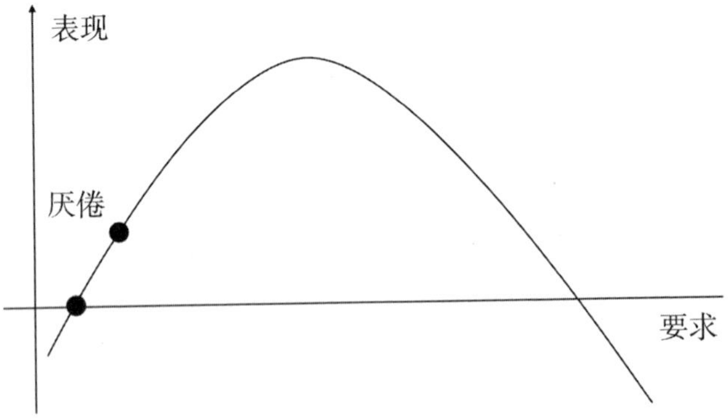

图 3－5　消极压力倒 U 形曲线 Ⅱ

消极压力的第二种形态通常也会让领导干部感觉不舒服。在左侧曲线的第一阶段时，领导干部会感到厌烦，这可能导致领导干部的表现还不如某个下属的能力（即使对下属来说，这样的要求仍然有挑战性）。随着曲线继续向左侧滑动，要求距离领导干部的能力越来越远，这个时候领导干部就会有一种被剥夺了发挥能力权的感觉。在这种情况下，领导干部很容易变得无所事事，甚至想要“破罐子破摔”。这种消极压力对领导干部发展的影响是致命的。

从以上图形中可以看出，成就动机越强烈的领导干部所承受压力的能力也越强。从压力来源来看，职业压力主要来源于情境、时间、预期、冲突等方面。当面对不适的工作环境，或者面对迅速的组织变革，领导干部会产生一定的应激反应和压力表现。对于时间漫长、工作过载，或是对工作进程把控不足，领导干部的工作压力就会陡然增大。当实际不符合预期，领导干部便会产生期望担忧与焦虑情绪，或者出现角色冲突、问题冲突、交往冲突，个体就会产生压力认知和情绪反应。

压力的感知越是积极主动，所采取的方法就越灵活多样，达到舒缓压力的目的就越明显。领导干部是社会管理者阶层，他们的自我管理与广大群众的心理和谐有着密切关系。如果他们能够形成良好的自我认知，在工作中就会做到亲民、爱民、为民，才能对社会心态产生积极的引领、感召和凝聚作用，并进而带动起和谐向上的社会风气。

台湾学者郑伯埙自 20 世纪 80 年代开始研究家长式领导，定义为：“在一种人治的氛围下，显现出严明的纪律与权威、父亲般的仁慈及道德廉洁性的领导方式。”家长式领导包括威权领导、仁慈领导及德行领导三个维度。

威权领导：指领导干部强调个人权威及对下属的领导，要求下属服从自己，立威行为。

仁慈领导：指领导干部对部属及其家庭做个别、全面而长久关怀的领导行为，包含个别照顾和体谅宽容等两类施恩行为。在个别照顾方面，不仅表现在工作上的宽大为怀，也会帮助解决部属私人问题，例如帮助部属处理家庭与私人问题、提供急难救助；在体谅宽容上，当部属碰到难题、工作表现不佳时，领导干部会及时给予鼓励、指导。

德行领导：指领导干部展现较高的个人操守和道德品质，强调领导干部克己奉公、不徇私（尤指不滥用权力、牟取私利或窃占他人的利益）及以身作则，包括正直尽责、不占便宜和无私典范等树德行为。

家长式领导并不是单一的具备仁慈、德行、权威的某一个维度，而是各种维度的相互结合。通过研究发现：低权威、高德行、高仁慈的家长式领导比高权威、低仁慈、低德行的领导方式更能得到员工的认可。家长式领导根植于华人文化背景，带有文化异质性，但是越来越多的证据表明，在一些文化背景相似，甚至差异很大的国家和地区，家长式领导同样存在且发挥积极作用。在日本，员工具有较强的父权主义价值观，家长式领导方式有利于企业管理人员与一般员工建立信任关系、开展合作和提高工作满意度。

无为而治是一种高超的领导艺术。领导干部需要彻底摆脱烈士情结、完美情结、权力情结，不要陷入细节的泥潭中，要完成自我超越。在现实工作中，有一个现象就是高层做中层的事情，中层做基层的事情，领导干部都忙得不可开交，而基层人员却无事可做。因此，要谨防工作中各种“背猴子”的陷阱。自我领导理论认为，个体完全可以根据自身情况确定奋斗的方向和目标，确定目标的优先顺序，确定自己前进的步骤和策略，甚至确定工作的时间和地点。所以，领导干部在带头示范、作表率的同时，要注意把自己“藏”起来，发挥自己的离场管理能力，通过制度安排和规范设计，让下属清楚如何做、做好的标准是什么，以及反复训练与修正，这样既增强了下属的责任感和工作信心，又营造了上下级互相信任的组织氛围。

案例：

经典心理学实验：毫无压力也是压力

这是在加拿大蒙特利尔海勃（Hebb）实验室进行的“感觉剥夺实验”。被试是自愿报名的大学生，参加实验每天的报酬是20美元（当时大学生打工一般每小时可以挣50美分），所以大学生都极其愿意参加实验。

所有的被试每天要做的事是24小时躺在有光的小屋的床上，时间尽可能长（只要他愿意）。被试有吃饭的时间、上厕所的时间。严格控制被试的感觉输入，如给被试戴上半透明的塑料眼罩，可以透进散射光，但没有图形视觉；给被试戴上纸板做的套袖和棉手套，限制他们的触觉；头枕在用U形泡沫橡

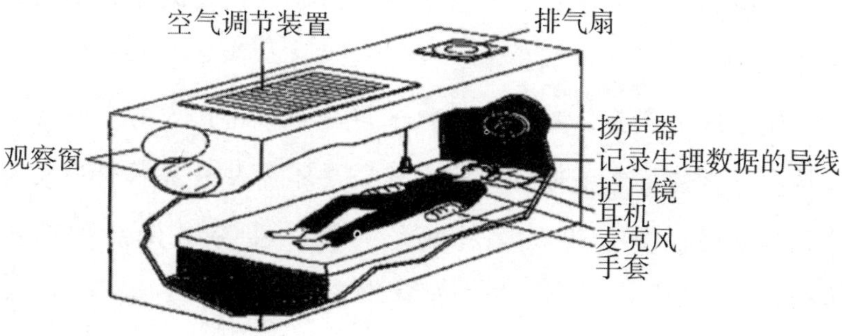

图3－6　感觉剥夺实验

胶做的枕头上，同时用空气调节器的单调嗡嗡声限制他们的听觉（如图3－6）。

实验前，大多数被试以为这是一件很轻松的事，能利用这个机会好好睡一觉，或者考虑论文、课程计划。

实验开始后，最初的一段时间被试都还比较安静，他们睡睡觉或者思考些问题。但是，大约8小时之后，部分被试开始出现厌倦和不安，他们有的吹起了口哨，有的自言自语，有的用手套摩擦身体，显得有些焦躁。大多数被试在实验开始后的24～48小时内要求退出，没有人坚持72小时以上。

实验进行过程中，有些被试会产生一些幻觉，其中大多数是视幻觉，也有被试有听幻觉或触幻觉。视幻觉方面，有的看到没有形状的光的闪烁，有的看到大队老鼠行进的情景。听幻觉包括狗的狂吠声、警钟声、打字声、警笛声、滴水声等。触幻觉的例子有感到冰冷的钢块压在前额和面颊，感到有人从身体下面把床垫抽走。

对于那些8小时后结束实验的被测，即使实验结束后让他们做一些简单的事情也会频频出错，精神也集中不起来。而且，被试参加完实验后，实验者再继续进行追踪调查，发现他们在实验结束后，需要三天以上的时间才能恢复到原来的正常状态。

通过这个实验，实验者得到这样一个结论：人的身心要想保持在正常的状态下进行工作，就需要不断从外界获得新的刺激。丰富的、多变的环境刺激是有机体生存与发展的必要条件。

第四章

努力工作更要重视压力

作为人民公仆的领导干部，实现自我价值是履行社会义务和责任。优秀的领导干部不断积极实现自我，在个人利益面前甘愿吃亏，不怕受累辛苦，既能任劳任怨，也能受得了委屈，“先天下之忧而忧，后天下之乐而乐”。领导干部不断积极实现自我，不仅有利于领导人格的完善和发展，而且有助于提高领导能力和个人素质。

往往能力越强的领导干部，承受的压力越大。看似风光，但光环背后的心理问题却难为他人所知，并非每个超负荷工作的领导干部都能说出自己的压力。从下往上看，领导干部们拥有较高的社会地位和成就，比下属员工拥有更多资源，获得更多报酬。但换一个角度看，领导干部既是探路者，又是领航员，他们走在队伍的最前面，承受最高的风浪，开拓最荆棘的道路。领导干部的压力不仅来自环境，还来自肩负的责任。

一、领导干部压力的成因

压力像蚊子一样总是在领导干部身边飞来飞去。从早上起床开始，领导干部一整天的工作都面临各种压力。压力的袭扰也像蚊子一样，绝不是悄无声息的。压力在向领导干部发动压力攻击前，会一直传递着信号，提醒领导干部是否需要换个环境，到“没有压力的地方”去；或者是否需要做点什么让压力攻击离你远点；或者干脆把压力消灭。不管领导干部做何反应，压力其实一直都在提醒。从这个角度讲，没有令人讨厌的压力，只有没被处理好的压力。

压力通常会带给领导干部一些征兆，包括生理、情绪、精神和行为四个层面的信号。当领导干部承受的压力等级升高时，会有更多征兆显现出来。例如经常性的情绪失控、厌食、恶心，或者焦虑不安，容易失眠。虽然这些征兆经常是痛苦和不适的，但它们作为压力预警信号却是弥足珍贵的，因为这些信号在提醒领导干部要注意身体和精神上所承载的紧张和疲惫。具有辨认自己身体上“指示器”的能力，将帮助领导干部及早采取措施，以防止压力等级越升越高，最终难以控制。

2016 年，胡月星教授团队调查走访了北京朝阳区 173 名基层领导干部，同时进行问卷调查。问卷涉及的问题主要有“您的压力状态怎么样”“压力来源是什么”“您疏解工作压力的方式有哪些”等，此次调研的结果非常值得关注。

通过胡月星教授团队调查 173 名基层领导干部后发现，受访基层领导干部普遍工作压力较大。总体来看，认为“压力较大及过大”的受访领导干部约占 39. 18%，认为“有压力但能从容应对”的约占 57. 89%，认为“很轻松、没有压力”的仅占 2. 92%，认为“压力较大、有些超负荷”的约占 22. 22%；认为“压力过大，身心俱累”的约占 16. 96%。

同时，该团队根据调研实际并结合访谈，设计了 9 个压力来源指标，以研究基层领导干部压力来自何处。经调查发现，基层领导干部压力来源排名前三位的分别是：工作内容烦琐复杂的约占 65. 9%，福利待遇低的约占 53. 76%，社会误解、没有自豪感的约占 34. 1%；排在后三位的分别是：家里不支持的约占 1. 16%，领导不信任的约占 9. 25%，加班时间过多的约占 10. 4%。可以看出，基层领导干部最重要的压力源为工作内容、福利待遇和社会期待。

根据胡月星教授研究，结合现有理论基础，领导干部压力的成因可以分为两类：其一是领导岗位以及领导职责所附带的压力，其二是领导干部自我施加的压力。

1. 领导岗位所附带的压力

领导干部在工作岗位上要勇于担当、不惧困难，为团队的成败负责。这不仅是责任义务，更是人民群众的信任托付。随着市场经济的价值多元化、利益主体的多元化、思想认识的多元化，对领导干部工作和观念带来了前所未有的冲击，工作中，领导干部要在困难面前迎难而上，在利益面前为民做主。为官一任，造福一方百姓，工作加班超负荷运转已是常态，但长期只顾及工作而忽视亲情，很容易导致领导干部与家庭生活互动减少，出现叠加性压力问题。纵观领导岗位工作附带的压力成因，主要有以下几方面：

（1）社会舆论造成的压力。“简答粗暴”“不作为”“向钱看”“向权看”等舆论标签，成为一些群众对领导干部的刻板印象。这种认识偏差与绝大多数领导干部积极拼搏的工作态度形成了强烈反差，评价的片面性、主观性给领导干部增添了不少心理压力。

（2）领导决策造成的压力。领导干部最重要的工作之一就是决策，在领导干部决策活动中，有不少决策方案有一定风险，领导干部也就不可避免地要承担起决策的结果。领导干部在进行各种决策时，由于存在不可控制的随机因素，一个决策方案可能会导致几种不同的结果，因此决策方案前途未卜。这样的压力，领导干部无法回避。

（3）团队成员造成的压力。作为领导干部，要为团队成员负责，如果团队成员成长较慢，犯错较多，紧急事件往往会被领导干部代劳。同时，领导干部还要关注、调查、分析下属员工的压力，从组织层面上协调下属工作，对工作量大的下属实施减轻工作计划，对空闲时间较多的下属进行有效管理。我们通常认为，如果下属员工没有长进，拿不出业绩，是领导的失职。所以，领导当仁不让地要给下属创造成长的机会和空间。而这从来不是件容易的事，个体差异下，给领导造成不小的压力。

2. **自我施加的压力**

研究表明，成就动机越强烈的人所承受压力的能力也越强。英国伦敦大学政治学教授戴维·麦克莱伦（David Mclellan）认为，各人的成就动机都是不相同的，每一个人都处在一个相对稳定的成就动机水平。领导干部在工作中的成就动机表现为：力图在工作、政绩方面取得成就，在工作的困难和挫折中表现出极大韧性和毅力，为顺利开展工作积极提高自我，在工作中创造组织文化等方面。在成就动机驱使下，领导干部积极主动开展有价值的工作，并使之达到完美状态，这个过程是自我施压的成因。如果处在令人不适的工作环境、面对组织巨大变革、当实际不符合预期等困境时，若领导干部仍以一种高标准要求自己，会产生一定的应激反应和强大压力。

案例：

童第周的自我施压

童第周是中国著名的生物学家、教育家，他从事实验胚胎学的研究近半个世纪，是中国实验胚胎学的主要创始人。曾任山东大学副校长、中国科学院海洋研究所首任所长、中国海洋湖沼学会副理事长、中国科学院生物学部主任、中国科学院副院长、全国政协副主席、山东大学动物系主任兼教授等。

童第周出生在浙江省鄞县（今鄞州区）的一个偏僻的小山村里。由于家境贫困，他小时候一直跟父亲学习文化知识，直到17岁才有机会迈入学校的大门。读中学时，他由于基础差，学习十分吃力，第一学期末平均成绩才45分。面对这么低的成绩，学校勒令其留级或退学。在童第周的再三恳求下，校方同意他跟班试读一学期。

此后，童第周与路灯常相伴。天蒙蒙亮，他就在路灯下读外语，深夜在路灯下自修复习。功夫不负有心人，期末考试童第周的平均成绩达到70多分，几何还得了100分，引起全校轰动。这件事让他悟出了一个道理：别人能办到的事，经过自己的努力也能办到，世上没有天才，天才是用劳动换来的。之后，这句话成了他的座右铭。

大学毕业，童第周去比利时留学。在国外学习期间，他刻苦钻研，勤奋好学，得到老师的好评。获博士学位后，他回到灾难深重的祖国，在极为困难的条件下进行科学研究工作。没有电灯，他就在阴暗的院子里利用天然光在显微镜下从事切割和分离卵子工作；没有玻璃器皿，他就用粗瓷陶酒杯代替，所用的显微解剖器是一根自己拉的极细玻璃丝；实验用的材料蛙卵是他自己从野外采来的。就在这简陋的“实验室”里，童第周和他的同事们完成了若干篇有关金鱼卵子发育能力和蛙胚纤毛运动机理分析的论文。

到了晚年，童第周和美国坦普恩大学牛满江教授合作研究起细胞核和细胞质的相互关系，他们从鲫鱼的卵子细胞质内提取一种核酸，注射到金鱼的受精卵中，结果出现了一种既有金鱼性状又有鲫鱼性状的子代，这种金鱼的尾鳍由双尾变成了单尾。这种创造性的成绩居世界先进行列。

童第周能从普通一员走向中国实验胚胎学的主要创始人、中国海洋科学研究的奠基人、生物科学研究的杰出领导者，必然是因为他有更高的自我评价标准和比其他人更出色的才能，这个标准和才能不仅是用来评价别人，更是用来评价童第周自己。高标准、严格要求是工作进步的强大推力，也是对自己施压的持续动力。

3. 环境压力

国务院在2015年先后颁布与实施了《机关事业单位职业年金办法》和《关于机关事业单位工作人员养老保险制度改革的决定》，对机关事业单位的养老保险制度进行了双轨制破除。国内较为知名的人力资源机构——智联招聘，发布了一份分析报告《2015春季人才流动分析》，该报告显示：其中，政府/公共事业/非营利机构行业的白领跨界跳槽人数比去年同期上涨34%，开启了新一波公务员跳槽热。[①] 公务员跳槽率的明显上升似乎在提醒人们，以前大家所羡慕的“金饭碗”变得并没有那么吃香了。

领导干部的职业特殊性决定了社会大众对其的高期望值，尤其是在提出建设服务型政府的要求后，社会大众不但对政府提供公共服务的质量和提供公共产品的效率提出了更高要求，而且对领导干部队伍的期望也越来越高，希望领导干部能倾听人民呼声，切实保护人民群众的利益，真正做到为人民服务。要实现社会大众的期望，领导干部就必须不断提高工作效率，

---

① 李黄珍：《2015春季人才流动分析》，智联招聘，2015年3月。

提升服务水平与素质能力，这无形增加了领导干部的职业压力。压力无时不在、无处不有，领导干部在不得不适应被压力笼罩的生活的同时，更要学会主动调适，要有减压的意识和行动。减压是一种习惯，更应该成为一种生活方式。

案例：

盘点压力大造成的怪异行为

在每个人都承受着巨大压力的今天，伴随压力而来的是一些不被视作疾病但其实比疾病还可怕的不良行为习惯，甚至可以称为“怪癖”，比如写材料时啃指甲能把整个都啃掉的、失眠到连续几天几夜一分钟也睡不着的、被老板骂完就要跑去狂吃比萨的……下面一起来看看面对压力时，领导干部有哪些怪异行为。

怪异行为 1：拔头发

某市国税局的一名领导小张，高考那年，因为压力太大，第一次开始拔头发，在拔掉自己头顶的头发后，她感到一丝解脱，从此走上了自毁形象的不归路。此后，她只要一紧张就开始拔头发。而小张也一直试图掩盖自己的症状，她把拔掉的头发藏在垃圾桶里，对自己的丈夫也隐瞒实情，直到她读到一篇关于拔毛癖的文章，才意识到自己原来患有这一疾病。她向一个朋友坦白了真相后，才去医院就诊。

怪异行为 2：啃指甲

某干部毕业于知名 985 院校，学霸的他还没毕业就拿到各种录用通知，但他最终以第一名的成绩考上了公务员。刚入职工作单位，他是科室里资历最浅的一个，万事从头做起。心理上的巨大落差加上永远也做不完的琐事，使他不知不觉地开始啃指甲，双手打字时还好，但一旦像打电话、开会等这种一只手可以空闲的时候，他就使劲地啃大拇指的指甲。有次在电话里被上级批评，等放下电话时他才发现手指已经渗出血了，但自己并不感到疼痛，反而有点释然……经过两年的“努力”，使他左手大拇指的指甲已几乎完全脱落，需要到医院进行皮肤科和心理科的双重治疗。

怪异行为3：狂吃

某干部最近一段时间经常暴饮暴食，因为工作压力大而狂吃，但吃多了又胖，胖了以后又不开心，再继续吃，就这么狂吃，控制不住食量。为了减肥，她在百度贴吧里看到有个“催吐吧”，于是就开始通过催吐调节食物的摄入，没想到后来却又爱上了那种吐后难受又心安的感觉，她开始通过催吐获得快感来释放压力。

怪异行为4：失眠

某主任今年42岁，她从五年前开始失眠。作为办事大厅主任，工作压力巨大，她说自己在睡觉时也会考虑工作事务，是不自觉地就会想，自己根本控制不住，导致夜里经常醒来，更要命的是有时整夜整夜地睡不着，眼睁睁地看着时钟一秒一秒走到了早上6点，刚有困意来袭，过不了一会闹钟响了该上班了……严重失眠使她的记忆力逐年减弱，视力也受到影响，而且由于没有睡饱美容觉，衰老得也非常快，眼袋、黑眼圈明显比同龄人要严重，皱纹也早早爬上了脸。

怪异行为5：捏捏族

所谓捏捏族是指因工作、生活压力太大，选择到超市以捏碎方便面、饼干以及给汽水瓶放气等方式，达到缓解压力、宣泄情绪目的的一群人。干部小王就是这么一个族群当中的一员，由于工作中的压力无法舒缓，他经常趁下班或周末到超市“搞破坏”，“每次去超市买东西都喜欢趁服务员不在的时候捏几包方便面，那声音，那手感，让我得到极大的满足。”而对于包装袋里充有气体的膨化食品，要“先用针扎一下，等气出了再捏下去，虽说麻烦了点儿，但是重在享受那个过程”。

二、领导干部心理压力的自我识别

压力看不见、摸不着，可是存在于我们每个人的生活中。平时我们有熟悉的生活旋律，每件事情维持着均衡状态，可以安然度日，正所谓“人之有道也，饱食暖衣”。可一旦多了一些事情或外在环境改变，个体的均衡就会发生变化。《孟子》云：“天将降大任于斯人也，必先苦其心志，劳其筋骨，饿其体肤，空乏其身，行拂乱其所为，所以动心忍性，增益其所不能。”这种突发的变化可能是危机，也可能是转机，是压力，也是机遇。这种压力的背后往往隐藏着一股成长进步的动力，所以，有时工作、生活的变故及不顺利，反而能激发我们的潜能。若积极面对，化压力为动力，可借压力磨炼，让自己更成熟、更有智慧。反之，则有可能成为“压死骆驼的最后一根稻草”。

他是一名税务分局局长，从事工作 20 余年。最近，愈发觉得身心疲惫，具体表现为睡不着觉，起不了床，懒得上班；注意力分散，记忆力减退，反应迟缓；心情烦躁，遇事消极，怠慢工作。

他是一名普通干部。没完没了的工作和加班、家人的不体谅和偶尔的小抱怨以及前段时间竞争上岗失利，这些无不让他倍感压抑。近期，他甚至还产生了人究竟为什么活着，人生的痛苦到底有没有价值，我为什么必须要承受所有苦痛的疑问。

她从事办公室工作近五年。写材料、开大会、开小会、接待、再接待……繁琐却又必须高度紧张的工作环境，让她感觉到自己的心理健康已被严重透支。紧张、焦虑、无助，像三座大山似的压顶而来。都说一日之计在于晨，可她很怕某天早上一睁开眼便对这个世界失去了兴趣，更别说有什么美好的憧憬了。

他被提拔为农牧厅厅长已经一年多了，然而当上“一把手”的代价就是让当初那个在工作中游刃有余的他变成了手忙脚乱、狼狈不堪的“新人”。全省领导干部考核排名倒数第一，眼见着今年的工作任务又没有办法完成。一想到这个“烂摊子”，他就发愁。最近一段时间，胸闷、气短、耳鸣，睡眠也出现了不小的问题，更别提一到办公室就无处释放的无名之火让他有多头痛了。

她是政务大厅的引导员，与前来办事的群众人打交道，答疑解惑、苦口婆心，却总是遇到无理纠缠的好事之人。每天当一堆办事人员从四面八方蜂拥而来时，她就特别紧张和恐惧。可惜，她内心的紧张、无助和惊恐没有人理解。别人只会说“你在体制内工作那么好你就别矫情了，我们想做还没机会呢”。无助的她只能常常选择自己一个人时偷偷哭泣。

……

类似上述情况的领导干部有很多，他们有的受困于高负荷的工作而产生压力，有的受困于长期简单烦琐的工作而产生的职业倦怠，有的受困于复杂的职场关系而产生的人际关系压力，有的受困于职业发展通道狭窄而产生的职业迷茫……形形色色的压力笼罩着他们，外表光鲜的领导干部，内心都或多或少地隐藏着酸楚。他们渴望从职场、人际、家庭的重重压力下突出重围，但面对现实困境时却又束手无策，只能默默地承受。

你是否觉得自己和上面某一个案例有着某种相似，或者你也有可能不如上述案例所述的情况那么严重。当然，也有可能你忙得都没顾上去分析自己目前的状态是怎样的。不论如何，停下来做个简单的自我对照检查，看看在你身上是否出现如下几种状况：

第一，生理信号。

当领导干部处于压力之下时，头疼的频率和程度会不断地增加。

肌肉紧张，尤其是发生在头部、颈部、肩部和背部的紧张，是一种非常准确的早期预警信号。

皮肤对压力特别敏感，皮肤干燥、有斑点和刺痛都是典型的压力反应征兆。

消化系统问题，如胃痛、消化不良或溃疡扩散，都是未能妥善处理相关压力问题的预警信号。

心悸和胸部疼痛也经常是与压力有关的预警信号。

第二，情绪信号。

容易烦躁或喜怒无常通常表示领导干部正处于压力之下。

消沉和经常性的忧愁是压力抑制了领导干部对生活美好展望的结果。

丧失信心和自暴自弃是领导干部对超出自己处理能力的要求不能给予控制的结果。

如果感觉精力枯竭且缺乏积极性，这可能是领导干部对自己要求过多的缘故。

疏远感是无力应付压力的预警信号。

第三，精神信号。

缺乏注意力经常是由于大脑中转来转去的事情太多所造成的。

优柔寡断，对即使是最无关紧要的事情也不敢立即做出决定，这是压力的一种典型征兆。

记忆力减退。压力影响记忆力，高度压力下领导干部将发现经常忘记了许多事情，以及数字、朋友的名字和通常记得的地方。

判断力差。压力削弱判断力，导致错误地做出某些决定，并由此造成某些过错。

持续性地对自己及周围环境持消极态度，这可能是领导干部未处理好周围人际关系的标志。这将使领导干部的自我感觉更趋变坏，压力等级上升。

第四，行为信号。

睡眠易受打扰。无论是失眠还是睡眠时间不断延长，都是领导干部正在遭受压力的明确信号。

比平时更经常地饮酒和吸烟，这是试图寻找短期精神放松的表现。

性欲减少是承受压力的常见征兆。它会经常加重领导干部的烦恼和忧虑，甚至疏远原本可以获得支持的家庭关系。

从朋友和家庭的陪伴或同事的友谊中退出，这通常意味着领导干部在压力下感觉到对这种关系无法应付，即无能力解决这种压力。

如果发现自己很难放松，经常烦躁和坐立不安，此时的领导干部很可能正处于压力之下。

当出现以上症状时，应该了解到，也许是压力正在发出预警信号，这时领导干部就需要反思是否正在受压力的困扰，进而及早地采取相关措施来减轻压力。如果预警信号反复响起，领导干部本人却无所作为，那么压力就会发动更猛烈的袭扰，肆无忌惮，最终让压力承担者成为真正的受害者。

压力对领导干部的影响程度主要取决于压力本身、领导干部的个体差异、应对方式和社会资源四方面。压力本身包括压力事件的多寡、急迫性、严重性与持续性，例如同时面临很多压力事件时压力指数就会比较高，干部年终考核阶段压力也会比较高，迫在眉睫需要处理的事情、突发危急事件等也会带来比较大的压力。领导干部个体差异性包括对压力的认知判断、归因方式、自我效能的高低、个人经验等。应对方式可分为有效因应与无效因应。社会资源方面，指领导干部可获得的支援协助与下属情感支持等。因此，有效调适压力需从压力事件本身、领导干部本身着手，包括减少不必要的压力、提高自我效能、学习有效应对方式、调节身心紧张、改变认知方式、建立正向观点、做好时间管理、培养幽默感、建立社会支持网络等。

美国哥伦比亚大学商学院心理学教授阿利娅·克拉姆（Alia Crum）说："压力是个矛盾的东西。一方面，它可能会对我们造成很深的伤害。另一方面，它对身心的成长都是必要的。我们的信念系统是一面透镜，透过它我们可以选择如何看待和处理压力，它可以改变结果。”克拉姆研究的课题是人们的态度如何改变他们对压力的反应。研究发现，如果改变人们对压力的看法，其身体反应也会做出相应变化。她让参与者看了两段 3 分钟的视频，其中一段视频讲压力使人衰弱，另一段视频则暗示压力能使人强大。结果发现，观看第二段视频的人释放更多的脱氢表雄酮（DHEA），有助于大脑从压力中变得更强大、加速伤口愈合、提高免疫力。同时，高水平的脱氢表雄酮能降低焦虑、抑郁、心脏病等疾病的风险。

这项研究表明，领导干部如何看待压力，与在压力状态下处理问题一样重要，关键在于调整对压力的心态，这是管理压力最好的办法。

三、提升抗压能力是提升工作效率的关键

美国著名心理学家马斯洛（Maslow）和米特尔曼（Mittelmann）在合著的《变态心理学》中提出心理健康标准，认为："充分了解自己，并对自己的所学做出适当评价"。领导干部提升工作效率要在三个方面下功夫：一是在自我认识上加强训练，包括自我观察、自我审视、自我评价等，即了解自我，清楚自己擅长哪方面工作：是一个内向思考型的领导者，还是一个外向协调组织型的领导者；是一个反应敏捷、思维活跃的领导者，还是一个擅长思考、统筹全局的领导者；是一个顺从依赖型的领导者，还是一个独立支配型的领导者。二是要自我激励，即自警、自省，要有自我紧迫感、自我责任感、自我义务和自我使命。三是自我调节控制抗压能力，即领导干部在压力

中自我约束、自我监督、自我勉励、自我矫正。必须清楚怎样领导才会获得积极预约的工作氛围，怎样才能高效完成工作任务。

1. 抗压能力促进工作中自我表现

自我表现力是指个体通过某种行为想要向他人和自己展现一种优秀形象。对于一名领导干部，任何时候都不能忽略自我表现管理。首先，要认真履行自身岗位职责，勇于承担工作责任，及时准确完成工作任务。当领导干部在压力下通过勤奋工作、积极进取获得成绩及贡献，得到外在组织和内在自我认可时，就会很容易进行个体强化自我认同，增强和维护自尊及自我效能感、成就感和满足感，从而产生更强的正向自我表现动机和愿望。但是，当领导干部置身于一个组织文化散漫无序、缺乏系统性与凝聚力的团队，其自我表现的动机可能就会削弱。因此，提升抗压能力，是激发领导干部正向自我表现的不懈激情与动力。

2. 抗压能力有利于冲破工作的自我设限

"自我超越"是由维也纳第三心理治疗学派——意义治疗与存在主义分析学的创办人维克多·弗兰克尔（Viktor Emil Frankl）提出的一个概念，指一个人总是能认清自己真正的愿望，为了实现愿望而集中精力，培养必要的耐心，并能客观地观察现实，这是建立学习型组织的精神基础。一个能够自我超越的领导者，一生都会在追求卓越的境界中，其自我超越的价值在于学习和创造。美国麻省理工学院彼得·圣吉（Peter M. Senge）教授认为，在员工自我超越，或想要达成工作目标远景时，内心会产生一种战胜工作挑战、实现目标的创造性张力，这股力量驱使他奋力去实现目标；同时员工对现实情况的过度悲观、对工作挑战的艰巨程度、对外部环境阻力的错误估计、对自身工作能力的怀疑都会在内心构成结构性阻力。

抗压能力较强的领导干部能在自己的职业生涯里勇于克服各种工作困难，战胜工作挑战，不断实现自我超越和进步成长。面对工作压力和挑战，抗压能力较强的领导干部坚韧不拔、不甘失败，奋力解决问题，战胜工作挑战。而有些领导干部则会采取一系列自我设限、自我妨碍的行为，来试图逃避或缓解工作困境带给自己的心理压力。这些自我设限的领导干部可能认为没能力克服困难，没资格迎接挑战，当内心消极想法所产生的结构性阻力大于创造性张力时，就是自我设限、自我妨碍。自我设限在一定程度上有助于维护自尊，但却无助于增强自我工作能力，长此以往对组织成长毫无益处。因此，提升抗压能力，加强心理素质锻炼和责任担当，有助于在实际工作中产生良好的效能。

3. 抗压能力促进工作中自我成长

管理学大师彼得·德鲁克（Peter F. Drucker）说过："承担自我成长责任的不是上司和组织，而是自己。"领导干部在日新月异的组织中想要顺利开展工作，就要持续地发展自我，包括对工作角色的内化、自我学习、自我监督、自我管理、自我调节等。在这个瞬息万变的网络世界，领导干部唯有学习方能完善自我。领导干部在发展中只有树立学习意识，用高尚的精神鞭笞自己，积极进取，求实创新，业精于勤，甘愿在工作上投入时间和心血，方能适应社会发展，经受住党和改革发展的考验。因此，提升抗压能力，持续不断完善自我，"外圣内王"，方能完成从优秀到卓越的跨越式成长。

4. 抗压能力促进上下同欲

领导干部自身的工作压力，实际上是推动着领导干部与下属、与上级、与兄弟单位产生联系。授权和帮助行为有“四两拨千斤”“九牛爬坡，各个出力”的效果，既能缓冲压力，又能在工作中培养人才。组织上下如果能同心同德、齐心合力，就能够转化成强大的竞争力，取得胜利。《孙子兵法·谋攻》云：“故知胜有五：知可以战与不可以战者胜，识众寡之用者胜，上下同欲者胜，以虞待不虞者胜，将能而君不御者胜。”就像习近平总书记在2017年新年贺词中说的：“上下同欲者胜。只要我们13亿多人民和衷共济，只要我们党永远同人民站在一起，国家富强、民族振兴、人民幸福的中国梦就一定能实现。”

四、科学减压，快乐生活

如果领导干部的身心不和谐，主客观矛盾冲突严重，他们就很难感受到身心的健康与快乐。心理学研究认为，任何人都具有普遍的社会安全感需求，这种安全感是获得心理健康的基本途径，领导干部亦不例外。要想拥有充实的感情体验，就必须把握真诚待人、勤政为民的要旨，真心实意地替他人着想，替百姓分忧，为群众动真情、办实事。这是获得充满人间温情的社会安全感、得到群众认可、快乐工作的奥秘所在。

1. 健康的交际方式

领导干部属于社会成员的一分子，在工作之余应该有自己的人际圈、亲属圈、朋友圈、同事圈，发展共向的兴趣爱好，参加各种不同形式的社交或休闲活动，以达到减压放松的目的。然而，少数领导干部面对工作压力时人际感情扭曲化、庸俗化，有的一味沉湎于觥筹交错之中领悟所谓的“如释重负”，甚至个别领导干部上下级关系变成了人身依附关系，反而因为人情关系造成新的压力，党性原则和群众感情日趋淡漠。习近平总书记多次强调党员干部净化社交圈、生活圈、朋友圈的重要性，要求党员干部做到拒腐蚀、永不沾。同时，《关于新形势下党内政治生活的若干准则》也明确指出：“有的党员干部特别是高级干部必须自觉净化社交圈、生活圈、朋友圈，决不能把商品交换那一套搬到党内政治生活和工作中来。”工作之余，领导干部应该有健康的交际方式，以领导干部的履职要求来规范自己，正确处理好人际关系。

2. 创造良好的工作氛围

工作中，组织成员感知和认同的良好工作氛围有助于形成共享的价值观。下属感知和认同的气氛环境有助于领导干部激发下属工作热情，培养员工责任心。如果没有良好的工作氛围，组织成员之间就没有充分的信任与沟通，就无法敞开心扉进行经验交流和学习，就会有所顾忌，有所保留，不利于共享价值观的形成。同时，良好的工作氛围也是一个团队高效运作的保障，没有好的工作氛围，就无法形成高效的团队。

真正优秀的领导干部应该是一个造梦者，不仅为组织创造令人激动的梦想，还能将梦想很好地传达给下属员工，令下属随时充满激情，朝着组织的目标努力。当下属为梦想奋斗，领导干部必将全力以赴。

3. 减少不必要的压力源

领导干部避免压力过大的方式之一就是要懂得量力而行，

也就是不要让自己绷得太紧，不要凡事都揽在自己身上，又不好意思拒绝别人，结果事情愈做愈多，压力越来越大。其实很多事情是可以有所取舍的，领导干部必须懂得照顾自己，学会说“不”，才有机会减少一些压力事件。如此人不当官的话品行端正、为人敦厚，但是一旦成为领导干部后，面对的情况就不一样了，被动的、被迫的、被忽悠的、被引诱的事情太多了。作为领导干部，要坚持党性，自觉减少不必要的压力源，坚定不移维护人民利益。

4. **保持宽松心态**

情绪感是一种反映人内心与外界环境的特殊心理体验，人的任何行为都与情绪感密切相联，不同的情绪感状态对于人的心理有不同影响。积极的情绪感使人心情愉悦，干劲倍增。比如健康、活泼、热情、乐观的心理体验不仅给人以轻松愉快的心理感受，而且会使人减缓身心负荷与压力，消除紧张恐惧，增强机体抵抗疾病的能力。另外，乐观积极的情绪感也能调节心理气氛，改变生活和工作中的沉闷感，有助于促进自己的工作与学习，提高工作效率。反之，消极的情绪感对人的身心有害。比如愤怒、焦虑、紧张、恐惧等消极情绪不仅降低个体活力，而且会对个体行为活动产生干扰阻碍作用，诱发各种身心疾病。因此，领导干部科学减压，情绪要健康，要学会控制自己的情绪，积极调节，获得积极愉快且满意的情绪体验。

5. **清晰的自我认识**

领导干部在工作中要清楚理解怎样才会获得积极愉快的人生，怎样才能达到自我完善的境地。一个人只有清楚地认识到自己的所作所为，行为协调一致，内心才能稳定踏实。然而，在现实工作中，有的领导干部却不尽然。在领导干部自我意识发展中，具体表现为四种类型：第一种是自我肯定型。该类领导干部的主观思想与客观行为一致统一，自我意识清晰明确。这是绝大多数领导干部的特点。这类领导干部脚踏实地，工作井井有条，严于律己、宽以待人，精神状态良好。第二种是自我否定型。该类领导干部承受挫折能力弱，面对逆境意志消沉，自欺欺人，有时好大喜功，有时自卑敏感。这类领导干部属于少数，容易造成工作上的损失。因此，在工作中这类领导干部要学习肯定自我，自我肯定的人可以适度表达与满足自己的需求，比较懂得调适压力，也比较清楚自己的限度，不会承担过多的压力。第三种是自我萎缩型。该类领导干部的特点是，工作中不求有功，但求无过，不积极进取，努力实现人生抱负，而是消极等待，以求暂时满足自居。第四种是自我混乱型，该类领导干部摇摆在理想与现实之中，动机冲突较强，心理负荷较重。工作中，领导干部要具备清醒的自我意识，充分了解自己，并对自己的行为做出适当评价。

6. 培养幽默感

幽默感可以化解压力，增进身心健康。“笑”对身体的影响与运动相似，它不但能增加氧气的交换率、肌肉活动及心跳，还能适度地刺激心脏血管和交感神经系统，释放神经传递介质，刺激人体分泌天然止痛剂，提升人体对痛觉的阐限，增进免疫系统的功能，使处于压力下的个体的免疫系统功能不至于降低。幽默和笑能使人避免心脏疾病、脑血管病变、忧郁症以及其他压力所引起的疾病。在心理健康方面，幽默可以淡化人的消极情绪，消除沮丧与痛苦。具有幽默感的人，生活充满情趣，许多看起来令人痛苦烦恼的事，他们却应付得轻松自如。用幽默来处理烦恼与矛盾，会使人感到和谐愉快，相融友好。同时，创造幽默或对幽默的欣赏，能释放人们内心的攻击冲动与焦虑情绪，维持心理上自我感的平衡，减低忧郁症状，调节负面生活压力对焦虑、忧郁等心情的影响。所以，培养幽默感不但能减少领导干部的压力，缓和紧张情绪，更能促进个体健康快乐。

此外，外在环境的压力我们也是可以避免的，如减少噪音环境、尽量不到拥挤的地方、做好时间管理等。日常饮食保持营养均衡，限量咖啡、糖，补充维生素 B、维生素 C 等都可减少不必要的压力。压力太小或太大都会影响个体工作生活，压力太小令人怠惰，压力太大令人喘不过气，所以适度的压力最好。工作中，我们应该时刻自查压力状况，减少不必要的压力源，让自己维持适度的压力，生活更满意。

案例：

马云谈如何缓解压力

阿里巴巴集团董事局主席马云对外分享其缓解压力的方法：在很累的时候，给自己 3～5 天的时间静下来，只是喝喝茶，什么事情都不用想，一定会有所收获。

马云在中国年度管理大会上就压力、环保等话题和现场嘉宾进行交流。在现场马云笑称最近媒体说他有点神经，有时候学习道家思想，但想不清楚自己做什么。其实他是“身体很累，但主要原因是心累”。他曾经思考自己是谁，到底该做什么，但不得而终。最后，马云决定把电脑停掉，让自己去净思考，想自己到底该做什么。马云认为，这是一件很有意思的事情，突然不看报纸、不和人讲话，“三五天你会发现是很神奇的一件事”。而马云做以上事情的理论是，电脑在运行的时候越来越慢，突然把它关掉，再把它打开，电脑会越来越快，人也是这样。

有朋友向马云诉苦，由于身上背负着上市公司 CEO（首席执行官）的角色，他感受到很大压力，每次睁开眼睛都是股东的责任和员工的责任。马云的观点是：“为自己承担责任是最重要的，因为员工不靠你，股东也不靠你，只有你自己靠自己。CEO 的位置需要承担的这些责任，假如不开心千万别做。”

第五章

领导干部工作压力的原因及如何应对

领导干部的能力素质是执政党执政能力得以表现的关键指标。工作中领导干部希望以胜人一筹的胆识和才能，组织带领下属同事进行创造性的活动，实现群体组织的奋斗目标，为社会贡献物质和精神财富，以博得社会认同，赢得威信。领导干部往往性格刚毅，成就需求感强，乐于承担富有挑战的工作，但很少能说出自己的压力。即使如此，也要有良好的压力识别能力，根据所承受的不同压力做出应对措施，这不仅是领导干部能力素质的基本要求，更是领导干部胜任工作的重要保障。加强领导干部抗压能力，提高领导人才能力素质，对于加强党的建设，提高党的执政水平，推进中国社会经济的现代化建设有重要意义。

一、领导干部工作压力究竟在哪里

领导干部在工作中的压力来源有很多种，目前，研究领导干部工作压力源的权威调查是2016年胡月星教授团队走访北京朝阳区173名基层领导所开展的研究。按照基层领导干部的实际状况，结合访谈资料，胡月星教授设计了“人际关系复杂、工作内容烦琐复杂、领导不信任”等9个压力来源指标。通过调查发现，基层领导干部压力来源排名前三位的分别是：工作内容烦琐复杂的占比为65.9%，福利待遇低的占比为53.76%，社会误解、没有自豪感的占比为34.1%；排在后三位的分别是：家里不支持的占比为1.16%，领导不信任的占比为9.25%，加班时间过多的占比为10.4%。可以看出，基层领导干部最重要的压力来源为工作内容、福利待遇和社会期待三个方面。同时，能力不足的本领恐慌、家庭问题的综合累积、成长进步的现实焦虑也占据一定比例。

1. **工作内容**

凡领导干部都有职位，都要承担一定的工作任务。领导干部的工作内容是由领导干部的职位所决定，也就要对此带来的后果承担相应责任。工作内容是决定领导干部取得成功、成就的重要条件，在工作中达成某一绩效、工作内容的顺利完成，都是领导干部胜任的表现。因此，领导干部工作内容的压力主要来源于领导干部自身工作方面的压力。

领导干部自身工作方面的压力源于工作强度、工作付出、工作任务，概括领导干部开展自身工作的压力来源于：一是规划目标任务中的压力。领导干部作为群众实践活动的领路人，在工作之前的首要任务就是制定正确的奋斗目标，明确奋斗方向，让组织成员知道去哪里、往哪走，只有大方向明确，才能激励群众，调动下属干部及群众的积极性。因此，领导干部在工作和行动前，必须预先为所在组织明确发展方向，提出任务，制定实施步骤、方法。二是建立内部组织规章的压力。领导干部要想合理有效完成工作任务，就要制定健全的制度和完善的组织结构。一方面，领导干部必须使组织机构的每个岗位都有非常明确、互不矛盾的责任；另一方面，领导干部要制定责任制度，通观全局，发挥各个部门、单独个体的协同作用，让每个独立个体指导应负责任，如何协同推进工作任务。三是科学决策的压力。科学决策是领导干部一项经常性工作，领导干部如果犹豫不决、错误决策，会影响组织工作，甚至给组织带来严重后果。工作中，领导干部不仅要对重大问题做出科学决策，而且要对突发事件、下级请示的重要问题做出合理安排。四是做好人才培养选拔工作的压力。邓小平同志曾强调："善于发现人才、团结人才、使用人才，是领导者是否成熟的主要标志之一。"领导干部要全面考察培养下属，既要重德，又要重才，不仅要选好人，还要用好人，要发挥人才长处。五是提升队伍建设的压力。领导干部在工作中要有凝聚力，抓好团队建设，维护组织团队形象和利益，提高群体工作效率，建设高水平组织团队。

同时，领导干部在工作中的压力还来源于"五多"问题（即会议多、文电多、工作组多、检查评比多、各类活动多）。近年来，随着正风反腐的深入推进，各级对减少"五多"非常重视，"五多"问题有所遏制，但是基层干部感到"五多"问题还没有彻底去根。一是外在样式有所翻新。2019 年，中国人民解放军 61716 部队助理研究员岳小光调研发现，随着新体制编制的运行，"五多"问题表现出一些新特点。具体表现为，集体会议少了，电视电话会议多了；纸质文件少了，电子文件多了；红头文件少了，口头文件多了。个别机关习惯于周五下通知，要求下周一交材料，让基层满腹怨言。有的领导干部总结出了"五怕"，一怕会议连环套，二怕材料催着要，三怕周末通知到，四怕题多背不掉，五怕座谈"冒了泡"。二是标准要求存在虚高。有些基层领导干部反映，上级机关布置任务往往不给条件、只提要求，令基层干部为难。有些基层领导干部表示，单位新组建后，领导机关抓工作，总想着在所属领域抓出亮点、打造特色，很少考虑基层的承受能力，有时人为地拔高标准，将已完成的工作推倒重来、反复修改。我国正处于社会转型期，工作节奏快，标准要求高，各级检查活动频繁，令基层领导干部经常处于超负荷运转的工作状态，忙于应付。三是主体责任层层加码。约三成的基层领导干部反映，有的工作片面追求数量和规模，一些“可以不搞”和“可搞可不搞”的考核、比赛、成果展示等活动，占用了大量时间和精力。有的为了完成上级任务，层层加码添压，基层压力山大。

作为领导干部，其工作内容复杂多变，在工作中自主性偏弱，除了要与普通人一样承受各种紧张与压力，还必须在工作和生活中率先垂范、做出榜样，常常会牵一发而动全身，稍有不慎就会“按下葫芦浮起瓢”。

2. **福利待遇**

工资是领导干部生活需要的主要来源，不同地区经济发展情况不同直接影响领导干部的生活水平。为适应社会发展，中国也对公务员系统工资做各方面的调整。2006 年 7 月开始实施的最新公务员、事业单位人员套改工资标准，建立由“岗位工资”“薪级工资”“绩效工资”“津贴补贴”四部分组成的岗位绩效工资制。但公务员系统相较其他管理系统而言，存在工资涨幅、职务晋升等具有法定性，其灵活性较低，级别严格受限等问题，领导干部福利待遇压力依旧突出，主要表现在以下几方面。

首先，党的十八大以来，党中央坚定不移地推进反腐斗争与党风廉政建设，要求有贪必肃、有腐必反，管党治党不放松、反腐惩恶不手软，全面推进党风廉政建设和反腐败斗争，“老虎”“苍蝇”一起打。同时，党中央出台“八项规定”，掀起反“四风”、“公车改革”，部署与实施“职级与职务并行”“禁止超职数配备干部”的规定。习近平总书记多次强调：“当前，反腐败斗争形势依然严峻复杂，巩固压倒性态势、夺取压倒性胜利的决心必须坚如磐石。要坚持无禁区、全覆盖、零容忍，坚持重遏制、强高压、长震慑，坚持受贿行贿一起查，坚决防止党内形成利益集团。”在这种形势下，领导干部队伍的约束将愈加严格，福利待遇将愈加规范，不仅加强领导干部权力的监督与制约，还对领导干部工作提出了更高的要求，必定会增加领导干部心理上与工作上的压力。

其次，国务院于2015年先后颁布与实施《机关事业单位职业年金办法》《关于机关事业单位工作人员养老保险制度改革的决定》，对机关事业单位的养老保险制度进行了双轨制破除。与此同时，智联招聘发布的分析报告《2015春季人才流动分析》显示：政府/公共事业/非营利机构行业的白领跨界跳槽人数比去年同期上涨34%，开启了新一波公务员跳槽热。

再次，我国正处于改革的关键期，党和政府面临着前所未有的挑战，社会变革不断进行，社会结构面临重大变迁，社会利益面临深刻调整，政府职能正逐步从管理型政府向服务型政府过渡，承担与履行党和政府公共权力的领导干部同样也面临着严峻的考验，评价当前形势下领导干部工资收入水平的高低，不能简单看收入绝对数，还要看当地房价、物价水平。从某种意义上而言，社会变革过程中的诸多不确定性以及带来的巨大变化必定会给领导干部本人及家庭带来新的压力。

最后，社会的发展对领导干部工作的要求越来越严、越来越细，工作压力也在不断加大，尤其从事基层工作的一线领导干部，面临任务比较重、压力比较大、工资水平低的现状。基层领导干部面对群众的办事需求、上级布置的繁重任务、各种考核压力，以及工作内容复杂程度高，缺乏人、财、物的保障，并且在工作自主性上没有足够空间，刚性工作规范和纪律要求使其倍感压力。多年来，基层领导干部晋升机会较少，特别是职级并轨前薪酬待遇普遍偏低，容易导致少数基层干部心理失衡。

3. **社会期待**

随着全面从严治党向纵深推进，国家监察体制改革、巡视监督常态化等制度性建设不断推进，纪检监察机关不断加大监督执行问责力度，对权力的监督约束越发严格，各级领导干部也越发自觉接受监督。对于一些“慢作为”“不作为”“乱作为”的行为，党纪国法之外又多了一道舆论监督。这对加强干部队伍建设，不啻为一种有效选择，但也给领导干部工作增添了不少压力。

舆论监督，一方面发动群众的力量，发挥媒体的优势，能时常提醒领导干部规范用权，防止以权谋私。另一方面，高效、便捷、全民参与的特点，给领导干部工作带来了新挑战。在突发事件面前，领导干部要在第一时间发布权威消息正确引导舆论，降低舆情风险，做到舆情舆论面前早发现、早引导、早应对，分析态势，掌握实情，主动应对。这要求新时代领导干部必须提升综合素质，要在工作、生活、学习中熟练舆论处理技巧，深入基层察民情、听民意、解民忧，从群众中来，到群众中去，切实提高自身应对舆论能力。这也给领导干部工作带来了新的压力挑战。另外，基层领导干部在社会上易受关注，随着反腐力度的加大和公开透明，个别领导干部负面错误形象被放大，出现晕轮效应，社会误解多，认同度下降，这也是压力所在。

4. **能力不足的本领恐慌**

2019 年，中国人民解放军 61716 部队助理研究员岳小光调研发现，七成以上领导干部表示，新时代的万千气象下自身素质的短板问题愈加凸显。具体表现为：一是社会转型催生知识危机。大部分基层领导干部表示，以前盼着见证新时代，现在是朝气蓬勃的新时代正在眼前，知识能力却跟不上了，新软件的使用、新技能的学习、新法规的熟悉等都要从头学起，还要在短时间内成为行业专家，感到难度大、压力大。二是领导干部考核难度加大。2019 年 6 月 1 日起新修订的《中华人民共和国公务员法》施行。其中，第三十六条规定："公务员的考核分为平时考核、专项考核和定期考核等方式。定期考核以平时考核、专项考核为基础。"近年来，考核全程不设脚本、不设预案已经成为常态，新施行的《中华人民共和国公务员法》对干部要求更高、更严格。由于以往走形式，部分基层领导干部感觉在新体制下力不从心、心里没底。很大一部分基层领导干部还是习惯于过去的背台词、走程序、跑龙套的老路子，一遇到评比考核就容易慌了神、乱了阵。三是岗位竞争评比带来进取压力。绝大部分基层领导干部对"评优排序"的评比活动表示认可和支持，但也有部分领导干部表示压力很大，为了考核不垫底，自我加压、主动加码已经成为常态。

5. 家庭问题的综合累积

领导干部，尤其是基层年轻领导干部正处于事业爬坡的关键期，也是成长的烦恼期，家庭问题比较突出，往往承受着事业和家庭的双重压力。一是面临择偶难题。基层年轻领导干部择偶处于两难境地：在老家找，面临两地分居；在工作地找，选择范围太小。很多基层年轻领导干部坦言，由于单位驻地偏远、任务繁忙，谈个对象实在很难，不少人年过 30 依然单身。二是面临分居问题。孝敬父母、抚养子女的重任全部由家属承担，住房需求、家属工作、子女入托入学等问题时刻存在，有的因此而产生家庭矛盾。此外，当前基层年轻领导干部多为独生子女，处理家务、化解矛盾的能力偏弱，面对夫妻纠纷、婆媳矛盾时，容易感情用事，致使矛盾激化，时间一长，部分家属对基层年轻领导干部的理解和支持度势必有所下降。三是个人追求有些迷茫。部分基层年轻领导干部表示，基层生活紧张有序、忙碌充实，但是个人的成就感不高，能够按时、按质完成上级机关的指定任务已属不易，更不敢奢望在工作中融入自己的一些想法。有的基层领导干部表示，很多基础工作耗时费力却不显成绩，自己的很多理念不被接纳，很难得到上级机关重视，时间一长心里就会产生失落感和挫败感。

6. **成长进步的现实焦虑**

当前，中国各项建设正处于改革调整期，各项工作处于“苟日新，日日新，又日新”的局面，转型过程中势必会引发部分基层领导干部对于自身成长进步的一些思考。一是对个人发展何去何从信心不足：基层干部晋升空间较窄，调职难度加大。特别是新组建单位，多数存在干部超编情况，且岗位有所减少，领导岗位进一步压缩，竞争压力较大。二是部分基层领导干部对改革方向心里没底。近年来一系列法规政策的出台，令基层领导干部感到基层的福利待遇更好了、调职晋衔的风气更正了、留在基层的优势更大了，普遍认为改革正朝着向上向好的方向发展。但也有部分基层领导干部表示，对改革后工作调动存有一定忧虑，心态较为纠结。

二、公务员压力岗位排行

新时代领导干部的能力素质正在迅速往全面性、综合性方向发展，领导干部在领导环境下既要及时做出决策，又要有判断力、应变能力；在督促群众实现决策方案的过程中，既要有坚韧不拔的意志品质，又要充分考虑群众的心理承受能力。面对越来越大的工作压力，领导干部要学会在与群众、与下属干部相互依存、联系、制约和作用的共处环境下巧妙化解自身压力，增强情绪调整能力 。

2018 年，由《搜狐新闻》发起的网络调查经过网友们的踊跃评选，选出了“中国公务员最具压力岗位排行榜”，一定程度上反映了当前我国公务员群体的工作状态。

1．第十名：副职领导干部

江湖人送外号：“最佳配角”。

工作特点：不表态、不拍板，是天生“配角”。

压力来源：一部戏剧，总要有主角、配角，领导干部群体亦是如此。众多的领导干部岗位中，副职领导干部占多数。副职领导干部在领导干部群体中发挥着承上启下、分工负责和参与决策的作用。其领导作用发挥如何，直接决定一个组织、单位、团队的凝聚力、执行力和战斗力。在工作中，副职领导干部作用的发挥通常由正职领导干部进行调动，权力有限，责任无限。有许多副职领导干部有能力也有魄力，但常常会遇到“空长了一身本领，一拳头打下去就像打在一团棉花上”的现象，有劲使不上，出事了很有可能先拿他们开刀，使他们感到压抑苦闷。如何当好一名副职领导干部，在通常情况下主要取决于副职领导干部的自身修养、工作能力和处事态度，以及对副职角色的把握和对副职领导艺术的运用。

职业病：对正职领导干部而言，副职领导干部是助手；对下属干部而言，副职领导干部又是上级和领导。副职领导干部不仅要让上级领导干部感到其在支持上级领导工作，心往一处聚，劲往一处使，而且要让下属感到被理解、被信赖，凝聚力量，乘风破浪。副职领导干部长期看“一把手”眼色行事，不免有失落感，同时又要管理好下属干部，用权不越权，到位不越位，较容易出现对角色定位认识不清，职责不明、权力冲突的现象，极易产生心理压力、焦虑等症状。

2．第九名：基层内勤干部

江湖人送外号：“老黄牛”。

工作特点：集文字、政务、办公事务、服务于一体，政治性强，政策性高，像牛一样埋头苦干、像马一样马不停蹄、像鸡一样起早摸黑。

压力来源：基层内勤作为一个综合部门，其性质主要体现在服务性上。内勤干部主要为领导和基层服务，是一个组织、单位、企业的枢纽，起着承上启下、综合协调的作用，即便是小事也需要按时完成，认真对待，保持平和心态，以小见大。因此，内勤干部需要每天起早贪黑，任劳任怨，不仅要有较高的综合素质水平，而且要在工作实践中把握好重复与创新、重担与机遇、政治与业务、有为与有位等方面关系，充当上级的“思想库”和“参谋部”。内勤干部虽然最早上班，最后下班，但却因工作琐碎，年终评优始终没有什么看得到的成绩，评先评优一般没他们的份。

职业病：内勤干部对加班熬夜感到烦躁不安，不加班又感到精神空虚，如果在工作困难和压力面前回避退让，无异于放弃成长。其常有失落感，唯恐出错，这造成工作被动不说，集体利益也将受到损失。他们在工作中较容易出现焦虑、抑郁、困惑等心理症状。

3. **第八名：组工干部**

江湖人送外号："拼命三郎"。

工作特点：专门从事党组织工作的相关领导干部，特别能吃苦、特别能战斗、特别能奉献，工作讲政治、重公道、业务精、作风好，关键时刻能拉得出、用得上、顶得住。

压力来源：党的事业永远在路上，组织保证永远在路上。组工干部无论何时都要保持头脑清醒、立场坚定、旗帜鲜明，以高度的政治责任感不折不扣地按照组织工作政策、程序要求办事。在开展工作时，坚持原则不动摇，执行标准不走样，履行程序不变通，遵纪守规不放松，严格落实工作程序和工作规范，该请示的请示，该报告的报告，该干的事顶着压力也要干，该负责任冒着风险也要担，不能程序空转、流程缺失，要依靠制度解决经常性、反复性、长期性出现的问题。组工干部经常面临工作任务繁重、压力过大的问题。一方面，组织工作政治性、政策性强，组工干部担负着为党的政治路线提供坚强组织保证的重大使命；另一方面，组织工作无小事，责任大，任务重，新情况、新问题总不间断，需要花费很大精力去完成上级部门布置下达的工作任务，稍有懈怠就会使工作处于被动局面。为此，除正常工作日外，组工干部往往要牺牲大量休息时间去完成工作，"白+黑""5+2"地干工作成为常态。

职业病：组工干部经常加班熬夜，天天想着提拔谁，自己却原地不动，会有倦怠感、疲累感。同时，本系统、各单位你追我赶，面对新形势、新任务容易造成“知识恐慌”“本领恐慌”。组工干部结束一天工作后普遍会感到身心疲惫，工作之余很难挤出时间精力去参加有益的文体活动，长期体力透支，年纪大的会有老花眼、颈椎病、腰肌劳损、肩周炎、颈椎病、失眠等职业疾病。

4. 第七名：领导干部秘书

江湖人送外号：“多面手”。

工作特点：领导干部秘书工作是距离领导最近的工作，主要围绕领导干部和单位的重心、中心开展服务工作，通常具有从属性、服务性、辅助性等特点，涉及范围广，影响面大。领导干部秘书除了要做好对内与对外服务、上传与下达对接、文字编撰、会务筹办、日常接待、信息收集整理、事务协调督办等工作，还要精通各种业务，能够眼观六路、耳听八方，善于察言观色，有效应对各种复杂情况。

压力来源：领导干部秘书工作的从属性、服务性、辅助性决定了秘书工作繁、杂、忙、累的特点。正是这些特点，使秘书工作容易出现工作压力。一来从事的工作是必须却又不太容易出成绩的，看似简单，其实非常纷繁复杂，面临的内外压力很大，做事需谨小慎微，事必躬亲，既劳神又费心；二来由于长期高强度的工作习惯，容易导致没有时间概念，不分白天黑夜、不分双休日，形成了一个自己独特的工作规律；三来面对紧急且时限又短的任务不能及时完成，或是遇到难以处理的棘手问题，总会担心领导干部对自己的工作不满意。

职业病：领导干部秘书长期处于紧张繁杂的事务中，生怕遗漏一丁点小事，亦恐惧言辞有所纰漏，久而久之就有了恐忘症、失语症等心理障碍，易犯头痛，并多有神经衰弱等症状。

5. 第六名：纪检监察干部

江湖人送外号："唱黑脸"的"包公"。

工作特点：纪检监察干部是党纪国法的护卫使者，铁面无私，"文"能做笔录、整理资料，"武"能在办案中随机应变，"老虎""苍蝇"一起打。

压力来源：面对党风廉政建设和反腐败斗争日益复杂的情况，繁重的工作任务和严格的工作要求，致使纪检监察干部长年累月地超负荷工作，大部分时间都是疲于奔命、疲于应付。其坚持公道正派，不管面对什么人、什么事，都一视同仁、统一标准，绝不厚此薄彼，感情用事。纪检监察干部有时对身边人，自己熟悉的同事、下属、领导展开调查，完全不被掣肘是不可能的事，于是常陷于人情关系和秉公执纪的两难境地；有时与腐败分子、违纪干部斗智斗勇，劳心劳力，自己和家人还有可能遭受恐吓或打击报复，甚至有些时候秉公办案还会面临不同程度的人身伤害。

职业病：一项针对检察院公务员的调查发现，部分公务员存在情绪焦虑、社会支持欠缺、工作消极懈怠等现象，有潜在的心理健康问题。由于纪检监察工作讲规矩、重规范，而且涉密事项较多，沉重的工作压力使身心长期得不到有效的放松和休息。首先，会导致一些纪检监察干部产生高压负荷下的倦怠症，厌倦疲惫的心理会让纪检监察干部逐渐对工作失去新鲜感、责任感、使命感，导致工作缺乏积极性、主动性。其次，纪检监察工作的特殊性，使纪检监察干部总是处于方方面面的监督之下，稍有不慎，就会招致非议，交流任职下的焦虑症导致纪检监察干部的交际圈子越来越小，很多纪检监察干部长期生活在单位和家庭“两点一线”中，心理压力长期得不到较好地释放。再次，少数纪检监察干部在广泛持续的监督工作环境下形成冷漠症，不能很好地面对个人仕途，认为即使工作成绩好，也不一定提拔，前途和待遇有落差，导致心理越来越封闭、失落抑郁，心理压力也越来越大。

6. **第五名：班子领导、单位负责人**

江湖人送外号：“大叔”。

工作特点：领导班子是由组织中的若干领导成员按照组织发展需要有机结合而成的集体。单位负责人是指单位法定代表人或者法律、行政法规规定代表单位行使职权的主要负责人。班子领导、单位负责人在工作中，一是必须正确对待集体的决策。集体决策一经做出，每个成员必须无条件地服从和执行，按照各自的分工，独立负责地抓好落实。二是必须正确对待权力和分工。要正确对待分工后自己拥有的权力，真正把手中的权力用足、用活、用好。三是必须正确把握个人负责的原则。集体决策后，必须按照个人分工，独立、负责、求实、创新地完成各自的工作，保证集体决策得到贯彻执行。四是必须正确协调组织内部关系。每个组织成员都要自觉维护班子的团结和领导集体的权威，既要根据集体的决定和分工切实履行好自己的职责，承担起应该承担的责任，又要关心全局工作，积极参与集体领导，做到成事不败事、补台不拆台。

压力来源：一个地方发展如何，关键在班子领导；组织工作开展得怎么样，关键还是在班子领导、单位负责人，班子领导、单位负责人抓好了建设，才能够推进各项工作开展。班子领导、单位负责人在工作中要充分发挥领导干部的示范带动作用，严格要求自身，从自身做起，谋大局、思大事、想在前，团结组织成员，多沟通交换思想。同时，要加大执行、维护制度的力度。不能出现有令不行、有禁不止，对待制度合意的就执行、不合意的丢一边的现象。因此，班子领导、单位负责人工作责任重大，每天辛苦劳碌，有苦难言，有家难回，通宵加班，周末调研，节假日还得走访慰问，对家里难以照顾周全，工作和家庭压力都比较大。

职业病：班子领导、单位负责人大多是衬衫配西裤的肚腩大叔形象，压力大、饮食不规律、经常熬夜等导致“过劳肥”，给人泰而不骄、威而不猛的含蓄感觉。由于工作压力大，锻炼时间不足，“大叔”们普遍存在亚健康状况，容易引发脂肪肝、高血压、脑动脉供血不足等各种疾病。此外，因长年加班加点，家庭生活时间不足，所以常有家庭愧疚感。

7．第四名：办公室主任/接待人员

江湖人送外号：领导的“小棉袄”“大管家”“贴心靠背”。

工作特点：办公室主任/接待人员行使组织的行政办公秩序、物资供应指导、指挥、监督、管理的权力，并承担执行中各项规程、工作指令。该类领导干部工作特点包括：一是承办工作，贯彻、实施领导决策，并承办各职能部门乃至下级机关、基层群众转办事项等方面所应尽的责任，以严格细致的工作作风发挥助手作用；二是参谋工作，吃透上级精神，成为卓越的“智囊团”和“参谋部”，在一些重要会议中提出切实可行，具有指导性、针对性、可操作性的意见，并负责做好会议纪要等；三是管理工作，承担文书管理、信息管理工作，结合本单位的具体情况，建立健全各项有关制度；四是协调工作，按照上级领导意图上传下达，沟通各方，做好纵向、横向、内部等多方面的协调工作；五是领导指挥工作，按照上级领导既定的决策和计划，对所属组织成员合理分配任务、布置工作，及时指导和处理问题。该类领导干部由于工作性质，开展工作时，事事须全程陪同和参谋，陪调研、陪开会、陪吃饭。同时，要善于联系上下、沟通左右、协调内外，是不折不扣的专职“大管家”。

压力来源：办公室主任/接待人员由于本职工作的特殊性，自然而然地成为协调的中心，压力来源于其在单位所处的地位，经常承受心理压力、多重矛盾的压力。在组织工作开展中，办公室既是行政事务的交汇点，又是领导与群众的联结处，也是多种矛盾聚焦的关口。不仅要协调群众之间的矛盾、各职能部门之间的矛盾、群众与领导之间的矛盾，领导成员之间的矛盾，还要协调本单位与外界的矛盾。而这许多矛盾，往往又被一张张无形的人际关系网所覆盖，拉扯这张人际关系网极其敏感，不触则已，一触即会绷得很紧。办公室主任/接待人员在这多种矛盾相互交叉的焦点上，置之不理是渎职，协调不了是无能，处理不当就是失误。因此，来自工作中繁杂的压力，使得办公室主任/接待人员工作头绪纷乱、任务繁重，却又时效性强。他们每天早出晚归，经常加班加点，遇到突击检查或突发事件更是连轴转，常年有着干不完的事、说不完的话、操不完的心，一年四季只有“张”没有“驰”，越到假期越忙，越过节越忙，习惯了每天迎来送往。有人戏谑，要当好办公室主任/接待人员就要“三得”：累得、喝得、受得；当久了就会“三突”：头秃、眼球突、腰椎间盘突。

职业病：办公室主任/接待人员工作长期满负荷，没有休整，心理负担重，时常感到分身乏术，担心顾此失彼，怕出差错，怕出娄子。其怕工作中出现失误，不得不事无巨细，事必躬亲，精神处于高度紧张，劳碌少觉，身材发福，焦虑压抑。同时，其忙于接待安排他人而自己三餐难饱、食无定时，不堪重负，易犯胃溃疡、脂肪肝、酒精肝和痛风等病。

8. 第三名：政研室等“文字材料高手”

江湖人送外号：“操刀手”“喝墨水”。

工作特点：政研室等“文字材料高手”对各种大小材料都亲自操刀，以拟写报告、重要讲话、文章等宣传公文为职责，是领导的主要助手。为顺利完成协助领导撰拟公文，该类干部必须具备较强的领悟能力、调研能力，要有广博的知识，尤其要熟悉其领导所管理的业务活动，掌握相关科学技术专业知识，能够将这些知识熟练地运用于撰拟公文、文件中，以其较强的文字表达能力，使领导意图得到恰当的文字表现，并让文章有高度，当好“泥水匠”。

压力来源：政研室等“文字材料高手”要写好材料，必须耐得住寂寞，长坐冷板凳、练好基本功，有厚重的文字和文学基础修养。尤其是要精通语法，学习好逻辑，深入研究修辞，反复锤炼语言。一来是对国家大政方针政策特别是与本单位组织业务相关的国家政策高度敏感，不断学习；二来是及时掌握上级部门重要文件和决策部署精神；三来是对各类重要会议和领导讲话精神的融会贯通；四来是由于接触涉密资料多、密级高，稍有不慎就会发生失泄密事件，要做好保密工作。因此，做好文字材料撰写工作必须做到多观察、多读书、多积累、多练笔、多思考、多修改，严守保密纪律，做到守口如瓶，不该说的不说，不该问的不问，不该看的不看，不该传的不传。他们在工作中会把办公室当家，真正的“5 +2”“白加黑”，每天绞尽脑汁，痛苦煎熬，“喝墨水、费脑水、流汗水、吐苦水、没油水”。同时，为避免造成工作被动，还要养成保持沉默的习惯，守得住清寒贫苦，耐住孤独寂寞。

职业病：政研室等“文字材料高手”常常熬夜伤身，用脑过度，易掉发，中年秃顶，并且神经衰弱、双眼无神、吸烟成瘾、未老先衰。同时，其由于久坐不起，长期使用电脑，近视眼已是常态，易得颈椎病、腰椎病等。

9. 第二名：公安干警

江湖人送外号：“黑猫警长”。

工作特点：公安干警以人民卫士的身份守护着和平安宁，肩负着维护国家安全，维护社会治安秩序，打击违法犯罪，保障人民群众安居乐业的重要使命。公安干警工作有三个明显特点：一是危险性。在和平年代，公安干警是比军人更危险的职业。随着国内外环境变化，我国的刑事犯罪日趋复杂多样，公安干警要同形形色色的犯罪分子作斗争，随时都有可能遭到犯罪分子的报复和威胁，常常处于紧张焦虑的情绪之中，心理压力很大。二是特殊性。公安干警工作不同于一般工作，容易成为社会公众关注的中心，工作中要处理的事情很多，业务繁重，工作时间长，作息不正常。三是复杂性。作为维护社会治安的重要力量，公安干警除了日常巡逻、案件侦破外，还要为人民群众提供各种各样的社会服务，一天到晚总有处理不完的事务。

压力来源：警察作为一个特殊的社会群体，肩负着维护社会治安稳定和公民生命财产安全、维持公正、惩治犯罪的重大历史使命，每天都在承担着高应激、高对抗、高危险的工作，因而要比其他职业承受更大的心理压力。公安干警所面临的现状是工作量大，工作要求高，责任重，付出与回报不成正比，晋升较慢，工作危险性高，缺乏精神、物质补偿。打黑除恶、除暴安良，与犯罪分子作斗争，出生入死，对家庭照顾不周，忠孝难两全。特别是遇到担负重大安保任务期间，基层民警日夜辛劳，超负荷工作。

职业病：公安干警工作节奏紧张、精神压力大，导致不同程度地患有心脑血管、消化系统等疾病，而身体各个部位受内伤、外伤更是家常便饭。长此以往，会有压力过大的表现。情绪方面：在工作、生活中神情麻木，工作激情减退。在单位遇到不顺心不如意的事，回到家里无端向家人发火，或责怪自己无能，或骂人，等等。行为方面：因心理压力过大，容易造成身心疲惫、厌倦、失眠、心神不宁、固执，易激怒，做事自以为是，听不进意见。甚至在工作中以种种冠冕堂皇的理由或值得原谅的借口来为自己辩护，以求得心理上的安宁和平衡。对工作中的过失不找主观原因，而是把责任推给他人或工作环境，以减轻自己的焦虑和不安。精神方面：注意力难集中，表达能力、记忆力、判断力下降，持续性地对自己及周围环境持消极态度，优柔寡断，等等。以意志力强压自己愤怒、焦虑等情绪反应，表面装得若无其事，照旧谈笑风生，把自己所追求的需要抑制在内心深处。

10. **第一名：基层公务员、乡镇干部**

江湖人送外号：从“万金油”“百事通”到“减压阀”。

工作特点：党的事业根基在基层，关键在干部。基层是各项方针政策的具体实践地。基层公务员、乡镇干部身处服务群众的最前沿，长期在基层工作，只有面对面、心贴心，怀揣满腔的热忱，放下官架子、眼睛向下看，才能将双脚深深扎根在土壤里，涵养想问题、干事情的底气。要善于倾听民声，让自己沾满“泥土”，要把握好尺度，发挥好党和政府联系群众的纽带作用，与群众保持血肉联系，与群众同甘共苦、肝胆相照。

压力来源：主要压力有四方面，一是基层工作繁重，缺乏人手，很多时候一个人的工作量大于两个人。二是基层工作很多休息保障制度不完善，部分政策缺乏合理性。三是对基层的突击检查较多，很多地方为了应付检查需要更多的人力资源。四是当下某些领导为了一些政绩工程，对很多下属的请休假都不予批复，导致很多基层工作者缺乏休息时间，晴天一身灰、雨天一身泥。高压低薪，上午搞宣传，下午平纠纷，“指哪打哪”，每天晕头转向，一年忙到头，往往成为离群众最近的“出气筒”。

职业病：在全面从严治党的背景下，党中央对各级干部的工作要求越来越严格，在基层工作繁杂的情况下，干部普遍存在“两怕一忧”：一怕众多考核、评比、检查，经常感到身心疲惫；二怕因基层事权与责权不匹配等，无法完成任务而被追责。如果再缺少各方关爱，就容易产生焦虑、愤懑、抑郁等心理问题。一忧则是担心晋升渠道有限，经济待遇低。基层干部面临上级部署的安全生产、社会治安综合治理、征地拆迁等工作任务，仅靠基层自身能力难以如期完成。如果干部努力做事还被追责，多多少少会有些委屈。同时，基层公务员、乡镇干部常常加班加点，食宿没有规律，绝大多数基层干部都有胃病、肝病、高血压病、腰椎病等。如今，倦怠感、疲累感、过劳死也正向这个群体袭来。

11. 归根结底：你自己

江湖人送外号：“脊梁柱”“半边天”“奶爸”“辣妈”。

工作特点：如习近平总书记指出的那样，“要做到廉以修身、廉以持家，培育良好家风，教育督促亲属子女和身边工作人员走正道”。

压力来源：每个人都是家庭的干部，一朝上岗、永不退休。一方面，作为男人，既要围着领导转，也要围着老婆转；是单位的“草”，更是家庭的“天”。一年365天，家里的事必须随叫随到，出钱出力还尽心，每月房贷车贷信用卡，步履维艰还得干；单位放假，也要24小时待命。女人则既要下得了厨房，还要上得了厅堂，不能不把带娃当本事，更不能不把主妇当职业，三头六臂女强人，无所不能是“辣妈”。另一方面，即使存在心理问题，多数干部也会选择自己扛，既不轻易向家人倾诉，也很少对同事吐露心声。

职业病：领导干部特别是年轻干部面临工作、经济、家庭方面的各种压力，加之晋升渠道有限，容易陷入焦虑、抑郁情绪。工作压力对领导干部的影响是比较大的，压力处理的好坏直接影响其工作绩效。部分干部通常不愿承认自己心理压力大，也不愿求医，有时会刻意隐瞒病情，以致身心俱疲，焦虑、失眠、上火，压力山大，皱纹多了，眼袋明显了，年轻的时候用命挣钱，老的时候用钱买命。在超负荷工作的情况下，处于持久压力应激状态，其中部分领导干部会因生理和心理持续紧张而引起一系列症状，比较常见的有睡眠障碍、情绪障碍，以及身体莫名疼痛和消化道功能紊乱。身心压力过大的干部极易导致工作倦怠感、主动性减退、自我评价低等感受，个别严重者甚至认为死亡是最终归宿。

三、工作压力的巧妙化解

1. 形成完整的自我调节体系

领导干部工作压力的化解，就是要在工作中自我感受、自我体验和自我控制，形成完整的自我调节体系。首先，领导干部要把压力和责任联系起来，站在使命感和道德感的高度去抚慰民情，正确对待压力，用责任感击败坏情绪。其次，领导干部除用责任堵住坏情绪之外，还应及时进行疏导，完善社会支持系统，即在生活中通过与亲戚朋友，特别是家人进行很好的沟通，化解压力传导带来的情绪问题。再次，领导干部应当在工作生活中营造积极健康的人际氛围。通过组织成员的精诚合作，激起共同面对压力的信心，切忌把自己的挫折变成对群众的不满甚至对立。同时，领导干部还应提升时间管理水平。一方面，领导干部要对照任务，找出重要的事，通过建立日清日结表单、项目管理表格等，安排具体时间下的工作内容，使工作体系化、条理化。另一方面，领导干部要针对工作任务进行合理授权，了解下属工作进展及存在的问题。当任务存在模糊性和不确定性，人的内心就会焦虑，领导干部应根据工作开展，适时介入指导。最后，领导干部要摆脱烈士情结、完美情结、权力情结。现实中，高层做中层的事、中层做基层的事较普遍，领导干部要带头示范、作表率，也要发挥离场管理能力，通过制度安排和规范设计，让下属清楚如何做、做得好的标准，反复训练修正，既要增强下属责任感，又要营造上下级互相信任的组织氛围。

2. 用人所长

《清史稿》列传三十二载：“十三年，上幸南苑，召诸大臣入对，谕之遴曰：‘朕不忘尔前罪，屡申诰诫，尝以朕言告人乎？抑自思所行亦曾少改乎？’之遴奏曰：‘上教臣，臣安敢不改？特臣才疏学浅，不能仰报上恩。’上曰：‘朕非不知之遴等朋党而用之，但欲资其才，故任以职。且时时教饬之者，亦冀其改过效忠耳。’”

高明的领导干部，懂得用人所长，而不是盯着缺点不放。如果领导干部在任用组织成员时只想避免短处，该组织最后一定是平平庸庸。管理学大师彼得·德鲁克（Peter F. Drucker）认为：“才干越高的人，其缺点往往也越明显，有高峰必有深谷，谁也不可能十项全能。”

美国南北战争时，林肯总统任命格兰特为北方军总司令。当时有人打小报告，说格兰特嗜酒贪杯，干不成大事。林肯却说：“如果我知道他喜欢什么酒，我倒应该再送他几桶……”后来的事实证明，格兰特的受命，正是南北战争的转折点。林肯用人的秘诀简单而复杂：“以取得战役胜利的能力”为标准选用人才，而不求他没有缺点。

所以，领导干部在工作中减压松绑，就得发挥组织成员长处。比如组织中会计很有才干，但不善于跟人打交道，领导干部就不该贸然指派他去处理突发危机事件。领导干部对组织下属成员的工作负有责任，也掌握着下属前途发展的权力。如果领导干部只能见人之短，而非着眼于发挥其所长，这种管理方式本身就不正确。不同岗位、不同职业的工作如医生、化学家、会计和工程师等，凡是工作能充分发挥其长处，且有一定挑战性，其工作就干得起劲，也有所成就。相反，对工作不满的人会埋怨："领导没有让我充分发挥所长。"高明的管理者知道，之所以用人，是用人做事，而不是用人讨自己喜欢，更不会根据个人的好恶来挑选人才，而是看组织成员能干些什么，看工作表现。即以任务为中心，而非以人为中心。只有让"平凡人都能做出不平凡的事"的组织，才是好的组织氛围。

乔治·卡特利特·马歇尔（George Catlett Marshall）是美国军事家、政治家、外交家，陆军五星上将。在二战中，他帮助富兰克林·德拉诺·罗斯福（Franklin D. Roosevelt）出谋划策，坚持先攻纳粹德国再攻日本帝国，为美国二战胜利做出不可磨灭的贡献。马歇尔用人得当，培养了大批有才干的美国军官，德怀特·艾森豪威尔（Dwight David Eisenhower）就是马歇尔培养的干将之一。经马歇尔提拔的将领，几乎无人失败，而且都是一流的人才，掀开了美国军事教育史辉煌的一页。马歇尔用人时常问自己："这个人能做些什么？"只要确定能做些什么，这个人的缺点就变成次要的了。比如，马歇尔曾一再替巴顿（Patton）辩护，虽然马歇尔本人并不喜欢巴顿那种少爷型的性格，有点自负，缺少军人应有的气质，但不能否认巴顿是一位优秀的将军。所以，高明的领导者会自问下属是否胜任即将安排的工作，能否表现得与众不同。如果答案为"是"，那就不必犹豫，继续重用。

今天的人才，不再像过去一样迁就工作的需要，同时年轻人选择适合自己的工作也越来越困难。领导干部的任何一项人事任命都是一个"赌注"。但是，只要抓住组织成员的长处，就是合理的"赌注"。总之，领导干部的任务，不是去改变人，而在于运用每一个组织成员的才能，使组织的整体效益得到成倍的增长。

案例：

董明珠工作压力的化解

董明珠，出生于南京一个普通人家，通过自己不断努力，从一名最基层的销售人员成长为当今中国最大的空调企业——格力电器股份有限公司总经理。被评选为“受MBA尊敬的十大创新企业家”和“中国十大营销人物”。2017年2月6日，位列“中国最杰出商界女性排行榜第一位”。自信、强势、不屑庸常，渴望胜利，但对对手保持尊重、对自己严格要求，是董明珠最显的著特点。

董明珠在接受新华网的采访中表示，自己现阶段唯一想的就是如何把格力做好，不想退休的事，不给自己留后路。面对企业经营压力，董明珠表示：“我不懂压力，从不犯错，我们是以解决问题为动力。”

董明珠认为自己在格力经营决策中没有犯过错误，她表示从不犯错是责任所致。“可能我作为一个普通员工的时候，只要对自己负责；当作为管理者的时候，要对所有的员工负责，这个要求确实是在发生变化。当你为自己负责的时候，允许你犯错误，但对员工负责的时候你是绝对不能犯错误，不是你想不想的问题，是你不能犯错误，所以必须对自己提出不能犯错误。很多企业倒掉的原因就是领导人决策失误或者管理失误。一个企业倒了，最受伤害的是员工，而不仅仅是你自己。所以既然我们坐在领导岗位，是一个管理者，你就应该苛刻地要求自己，不能让企业倒下。”

她在采访中进一步解释：“只要有公心，一般的决策是不可能出现错误的。”谈及家庭时，董明珠表示：“你失去了家庭的关注，可能更多的是为了企业，那是你必然的选择，因为你的岗位决定。你没有理由要求一个普通员工放弃家庭全心全意为企业，但今天你坐在这个岗位，必须和普通员工有不一样的选择，你必须要舍弃一部分自己的利益，这是由你自己决定的。如果我顾及我的家庭，可以做很多事情，让家庭全面发财，比如搞几个配套商为格力电器服务，可以赚很多钱，但那样我失去了做人的尊严，第二树立了不好的榜样，员工都会以你为榜样做。”

董明珠在工作中力主创新，带领格力打破日美垄断，成为中国空调界唯一不受制于国外技术的企业。在长期的市场实践中，她摸索出一套独特的经营方式，销售模式连年创新，被空调界同行及新闻媒体誉为“格力模式”，其独创性的区域销售公司模式还被经济界、理论界誉为“二十一世纪经济领域的全新革命”。

2020 年 4 月 24 日，董明珠抖音直播首秀“翻车”，被顶上了微博热搜。据统计，董明珠直播带货当晚，全网累计观看人数 431 万，销售额却仅仅只有 23.25 万元。不仅销售额不如人意，直播间也是状况百出。直播间画面数次卡顿，被网友吐槽“格力总部是在用 3G 网络吗?”直播首秀便遭到这样的嘲讽，很多人觉得这位不可一世的女强人再也不会出现在直播镜头中了。然而，仅仅隔了十来天，董明珠调整好策略后卷土重来。

2020 年 5 月 10 日晚间，格力董事长董明珠现身由《中国企业家》杂志社、格力、快手联合发起的“让世界爱上中国造”直播间，带货成绩令人咋舌。30 分钟，3 个产品的销售额就破了 1 亿元！60 分钟，单品销售破 1 亿！全场 3 个小时，销量达到3.1亿！董明珠称，接下来打算开通一个董明珠直播间，把直播常态化。她尝试直播只是开了一个头，格力3万多家经销商，都要线上线下结合起来。“我希望这次直播不是结束，而是永远”。

一次被“打脸”后，一次次调整战略精益求精。顺应时代，放下架子，拉下脸面，才是一个企业在大江奔流的时代的立身之本。前太平洋集团总裁严介说：“我们干大事的人从来不要脸，脸皮可以撕下来扔到地上，踹几脚，扬长而去。”压力导致的焦虑、苦闷，正在成为企业家这个精英阶层的隐形杀手，而董明珠不害怕压力、竞争巧妙化解工作压力，在工作中自我感受、自我体验和自我控制，形成完整的自我调节体系。用企业家的远见卓识，改革家的非凡胆略和气魄，创造了我国商界独一无二的奇迹。

3. 提升压力认知水平

领导干部的压力无处不在，让压力成为动力，还是让压力变为健康的杀手，取决于领导干部对压力的认知水平和对待压力的态度。心理学研究表明，人在不同时期会面对不同的心理发展冲突。因此，需要寻找积极应对压力方法。胡月星教授在文章《面对工作压力，基层领导咋应对?》中写道：“调查发现，其缓解压力的方式主要为：健身锻炼（42.8%）、读书和听音乐（42.8%）、休假（41.6%）。最为少用的方法是心理咨询（仅占2.3%）。具备一种和两种缓解压力方式的基层领导干部最多，均为32%。三种及以上缓解压力方式的干部合占46%。而且舒解压力方式种类的多少与基层领导干部压力状态成反比，缓解压力方式的种类越多，基层领导干部的压力越小；缓解压力方式的种类越少，基层领导干部的压力越大。”工作中，压力的感知越是积极主动，所采取的方法就越灵活多样，达到舒解压力的目的就越明显。领导干部处于社会管理阶层，自我管理与广大群众的心理和谐有着密切关系。如果能形成良好的自我认知，在工作中就会做到亲民、爱民、为民，才能对社会心态产生积极的引领、感召和凝聚作用，并进而带动起和谐向上的社会风气。

4. 增强领导干部情绪调整能力

情绪是主观认知经验的通称，是多种感觉、思想和行为综合产生的心理和生理状态。情绪稳定性反映了基层领导干部的情商高低。当领导干部面对各种压力，除了很好地感知压力之外，还应对自己的情绪进行调整和管理，用责任感击败坏情绪。工作中把压力和责任紧密联系起来，站在使命感和道德感的高度去抚慰民情、体察民苦，以为民服务的心态对待迎面而来的各种压力。同时，完善社会支持系统。一旦压力带来了情绪波动，除了用责任来“堵”，还应进行“疏”，做到堵疏结合。努力营造积极健康的人际氛围，但应注意对坏情绪的管理，切勿把坏情绪传染给周围的同事、下属，更有甚者把自己受到的压力挫折变成了对群众的不满甚至对立行为，必然激起干群关系紧张，影响社会的稳定与和谐。

5. 科学提高时间管理

美国著名管理学家斯蒂芬·科维（Stephen R. Covey）提出时间管理的理论，把工作按照重要和紧急两个不同的程度进行划分，基本上可以分为四个象限：既紧急又重要、重要但不紧急、紧急但不重要、既不紧急也不重要。领导干部根据各自的工作任务，找出重要的事，通过建立日清日结表单、项目管理表格等来安排具体时间下的工作内容、完成时间点，使工作条理化、明晰化。领导干部不仅要理清楚自己的工作任务思路，还要针对一定的工作任务进行合理授权。通过合理授权，领导干部就可以抽出时间来观察下属的工作情况，了解工作进展情况和其中存在的问题，适时地介入指导，提供自己的意见。

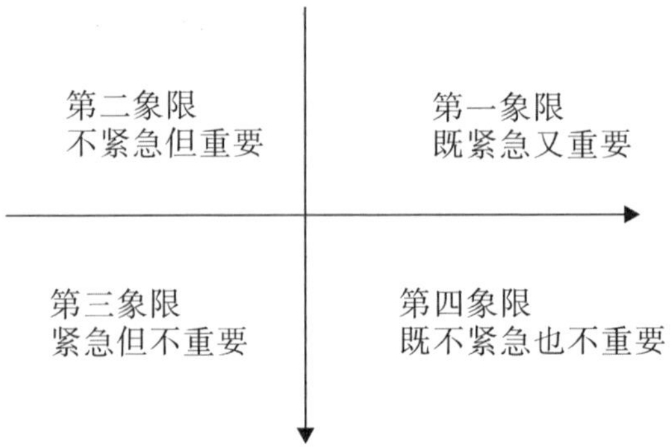

图 5－1　时间管理四象限

6. **调整心态坦然面对**

习近平总书记强调："各级领导干部要学网、懂网、用网，积极谋划、推动、引导互联网发展。互联网时代，舆情应对是党员干部的必修课。善于重视媒体，既要掌握媒体传播规律，又要抢占媒体话语制高点，在突发事件面前第一时间发布权威消息正确引导舆论，降低舆情风险；正确应对研判，做到舆情舆论面前早发现、早研判、早引导、早应对，分析态势，掌握实情，主动应对；提升综合素质，要在工作、生活、学习中学习舆论处理技巧，要深入基层察民情、听民意、解民忧，从群众中来，到群众中去，切实提高自身应对舆论能力。"同时，《关于新形势下党内政治生活的若干准则》也明确指出："领导干部要正确对待监督，主动接受监督，习惯在监督下开展工作，决不能拒绝监督、逃避监督。"

领导干部要习惯于在监督下工作和生活，正确对待大众监督，及时解决舆论反映的问题。然而，知与行之间，有时难免存在差距，个别领导干部抵触监督，面对事实或试图找关系“灭火”，或顾左右而言他，在这种错误认识下，大众监督是找碴儿、挑刺儿、来者不善的，于是能躲就躲。少数领导干部之所以抵触舆论监督，大体有几种情况：滥用权力做亏心事，害怕面对舆论监督；履职尽责不到位，担心曝光后被追责；担心舆论监督给工作带来不必要的干扰。

党的十九大报告提出：“构建党统一指挥、全面覆盖、权威高效的监督体系，把党内监督同国家机关监督、民主监督、司法监督、群众监督、舆论监督贯通起来，增强监督合力。”在信息传播高度发达的今天，作为监督方式之一的大众监督正发挥着越来越重要的作用。

对于手握公权力的领导干部而言，接受监督应是全方位的，与其在舆论监督来临时花费精力“找补”“灭火”，不如平时在工作中依纪依法办事、保持清正廉洁，把精力和心思用在为民服务上，内心坦然，积极面对工作。

7. 发挥领导干部的离场管理能力

“无为而治”是道家的治国理念，是一种高超的领导艺术。老子认为：“我无为，而民自化；我好静，而民自正；我无事，而民自富；我无欲，而民自朴。”领导干部需彻底摆脱烈士情结、完美情结、权力情结，不要陷入细节的泥潭中，要完成自我超越，遵循客观规律而为。在工作中，有一个现象就是高层做中层的事、中层做基层的事，领导干部忙得不可开交，而下属却无事可做。领导干部要谨防对工作大包大揽，要注重培养下属干部能力。个体完全可以根据自身情况确定目标和方向，领导干部在带头示范、作表率的同时，要注意发挥自己的离场管理能力，通过制度完善和规范设计，让下属清楚做事标准，如此既增强了下属的责任感和工作信心，又营造了上下级互相信任的组织氛围。

8. 建立科学有效的制度

习近平总书记在中共中央政治局第十六次集体学习上强调：“解决党内存在的种种难题，必须营造一个良好从政环境，也就是要有一个好的政治生态。”好的环境和好的制度互相促进，科学有效的制度本身就是最稳定、最直接的环境。

9. 副职领导干部要找准自己的位置

众多的领导干部岗位中，副职领导干部占多数。副职领导干部在领导干部群体中发挥着承上启下、分工负责和参与决策的作用。副职领导干部处在上下之间的特殊位置上，对正职而言是助手，对下属干部而言又是名副其实的上级和领导。想要得心应手地完成好本职工作，需要掌握处理与下属关系的方法与艺术。一是副职领导干部要懂得授权艺术。一方面，副职领导干部要学会放权，充分信赖和依靠下属在职责范围内处事用权，使组织成员各司其职、各尽其责、各展其才，充分调动下属的工作积极性和创造性，从而依靠大家的力量完成既定工作任务。另一方面，副职领导干部放权要有一定的“尺度”，不能撒手放任，应当既放手信任，又加强指导把关、监督检查，科学掌握放权“尺度”。如此一来工作，就能轻松洒脱而又事半功倍。否则，整天忙于应付，到头来碌碌无为。二是副职领导干部要学会关心爱护下属干部。副职领导干部与组织下属成员的接触更直接。因此，要学会关心爱护下属干部，理解、关心、宽容和尊重组织下属成员，发挥情谊的作用，创造心情舒畅的氛围。下属工作取得成绩时，要适当鼓励祝贺；下属遇到工作生活困难、遭受不幸时，要及时给予关怀慰问，送去温暖。当然，下属工作中有较大的失误时，副职领导干部不要放任自流，应从关心爱护的角度出发，对其进行理直气壮的批评，尽力帮助下属向上发展。三是副职领导干部要善于运用上下沟通艺术。上下沟通是副职领导干部实施领导的基本条件。副职领导干部必须经常了解自己下属的需要、期望，尽可能地把领导意图、工作目标与下属的需要、下属实际连接起来。下达任务时，副职领导干部要设身处地为下属着想，充分考虑到一线工作的辛苦和困难，并把职工群众的意见及时反馈至上级领导干部。这样，上下级干部之间彼此了解、相互支持，政令就能畅通无阻，工作就能一抓到底。

四、打造高效团队，压力变动力

习近平任福建省省长时，在《习近平：我是如何跨入政界的》专访中说道：

在从政之前，我曾冷静地考虑过这个问题。因为我认为在第一步跨入政界之前，首先要在思想上弄清楚两个问题，这就是你要走的是什么路？你所追求、需求的是什么？我当时对自己定了这么几条：

一是要立志当“公仆”，做大事。熊掌和鱼不可兼得，从政就不要想发财。正如孙中山讲的，要立志做大事，不要做大官。你如果想发财，现在合法致富的路很多，那种合法致富既发财又光荣，将来税务部门还要给你授奖，因为你促进了社会主义市场经济发展。而你既要从政，又想发财，就只能去当让人指脊梁骨的赃官、贪官，既名声不好，又胆颤心惊，总怕被人捉住，最后落个不好的下场。所以，要从政，就是一种事业的追求，就得舍弃个人的私利，不能什么好处都想得。一个人也许一辈子成就不了什么大的事业，但最起码他是两袖清风，一身正气。

二是在从政的整个过程之中，不要把个人的发展、升迁作为志在必得的东西。因为这是不可能的，没有这种公式，没有这种规律。升迁并不是因为你这个人有多大本事，或者你这个人有多大背景，就可以必得的。本事也罢，或者是强烈的责任心、非凡的智慧也罢，它只是其中的一个因素，而且它还要和当时的天时、地利、人和条件相配合，看哪一个起主要的作用，哪一个起配合作用。这些都不是一种定数，不是用数字可能推算出来的。譬如讲，你要想当将军，首先必须能够打胜仗，只打败仗的军人非但当不了将军，还有可能会出师未捷身先死。同时，你具有了打胜仗的本领，也不可能天天有仗打，特别是在和平时期更是如此。有了仗打，就有了机遇。这也就是说，只有你将机遇和成功的要素集于一身的时候，你的追求才有可能实现，这是很难的。如果你主动去追求，终生不得志，将会很失望、很痛苦的！这就要对升迁问题怀平常心，像古人管子所说的那样，“不为不可成，不求不可得，不处不可久，不行不可复。”

三是要有不怕艰难险阻，持之以恒干工作的准备。从政是一条风险很大、自主性不是很强的路。尤其是受了挫折以后，一些人极容易产生自怨自艾的想法：我为谁啊，我这么干还要受到这么多的冷遇，这么多的不理解，何必呢！一些当时跟我们一起从政的人就因此而离去了。在一个地方干下去，只要你坚持下去，最后都会有所成就。成功的规律就是一以贯之地干下去。所以，既然走上这条路，那你不论遇到多少艰难险阻，都要像当过河卒子那样，拼命向前。我的从政道路中也有坎坷、艰辛、考验和挑战，没有这些是不可能的。①

1. **构建和谐团队氛围**

任何人都需要社会安全感，这种安全感是人与人之间的情感联系，是消除压力，获得心理健康的基本途径。组织中亦需要这种情感。作为领导干部，工作中要注重上下级交流，注重下属对自己的印象和评价，珍惜下属的接纳和支持，建立起上下级良好的人际关系，获得积极心理体验。这种真诚、亲密的人际关系一旦确立，不仅会增强开拓工作新局面的信心，而且会极大地满足社会安全感的基本需要。想拥有充实的感情体验，就必须把握真诚待人、勤政为民的要旨，真心实意替他人考虑，为百姓分忧，为群众办实事。这是获得上下级间的社会安全感、得到群众公认的奥秘所在。

2. **增强下属向心力**

苏洵《心术》曰："夫惟义可以怒士，士以义怒，可与百战。"就是说，领导干部应当引导下属认识组织目标，激励下

① 《习近平：我是如何跨入政界的》，《中华儿女杂志》2000年第7期。

属进取、奉献，激发下属使命感和责任感，促使组织成员团上下欲同，形成合力。工作中，组织发展壮大，依靠的是领导干部与下属的共同努力，同舟共济。身为领导干部，要做到身处逆境时与下属同甘共苦、患难与共、共渡难关，时来运转时不能独自居功、尽享成果。唯有此，才能赢得威望，得到下属的爱戴、群众认可，使组织的业绩蒸蒸日上。优秀的领导干部视压力为动力，引导下属建立团队精神，这样才能使组织成员的力量凝聚在一起，产生巨大的动力。

3. **忠于组织**

领导干部的优秀品格表现在对待组织、对待事业上的忠诚与坚持。对组织忠诚，是一种心理契约，其影响力远远大于能力。有的领导干部虽然能力强、水平高、学历高，但若丢失信仰，缺少忠诚，心术不正，就难以被下属、群众接纳。如果有忠诚心、责任感和使命感，就会忠于职守，满怀激情，对待事业热情满满，对待工作认真负责，对待群众尽职尽责，对待生活光明磊落。人民网数据显示，2018 年全国纪检监察机关处分省部级及以上干部 51 人，厅局级干部 3500 余人，县处级干部 2.6 万人①。这些“老虎”“苍蝇”之所以猖狂无纪，以身试法，都不是个人能力问题，而是忠诚度出了问题。领导干部的忠诚主要体现在四个层面：一是对国家的忠诚；二是对组织的忠诚；三是对事业的忠诚；四是对信仰的忠诚。作为党和群众的儿女，领导干部要时刻提醒自己在党旗下的庄严宣誓，忠诚组织，履行组织重托，有信仰，有骨气，不为金钱物质诱惑驱

① 材料来源：中华人民共和国中央人民政府网 http://www.gov.cn/xinwen/2019-01/09/content_5356088.htm

使，做到富贵不能淫、贫贱不能移、威武不能屈。

案例：

苏武精神的当代价值

《汉书·苏武传》载："律知武终不可胁，白单于。单于愈益欲降之，乃幽武，置大窖中，绝不饮食。天雨雪，武卧啮雪，与毡毛并咽之，数日不死。匈奴以为神，乃徙武北海上无人处，使牧羝，羝乳始得归。别其官属常惠等，各置他所。武既至海上，廪食不至，掘野鼠去草实而食之。仗汉节牧羊，卧起操持，节旄尽落。"

"苏武牧羊"的故事赞扬的正是苏武对国家的忠诚。苏武在威逼利诱下仍忠心耿耿，不畏强权，牧羊19年忠贞不屈，爱国且不向挫折屈服低头，其感人故事传诵千年，值得所有人学习。

4. **提升团队执行力**

在竞争激烈的现代社会，速度决定一切，效率决定成败。一个组织的执行力不仅取决于领导干部和下属群体，还取决于团队氛围和执行效率。拥有良好的团队环境，才能充分调动积极性，促进工作保质保量完成。打造高效团队，就要在团队执行力上多下功夫，营造积极的竞争氛围，实现组织与成员共同发展。

一是促进组织成员交流，增加沟通渠道，加强组织内部沟通，以上级和下属之间的交流实现技能、能力的互补。二是坚持能岗匹配的原则。领导干部要了解下属的能力和特长，对每一个岗位所需能力进行分析，对下属成员进行科学合理配置，做到人尽其才，利用下属的个人特点、优势，发挥各自能力，帮助下属实现个人价值，进而提高工作效率和组织效率。三是树立明确目标，指引组织团队前进。领导干部要树立明确的、可实现的目标，激发下属热情，量化具体指标，监督促进完成目标。四是建立组织文化。组织文化对执行力的强弱有决定性影响。优秀的组织文化能统一组织成员思想，增强组织凝聚力，实现组织目标。建立合理有效的组织文化有助于团队组织成员树立正确的价值观，形成良好风气。

第六章

领导干部生活压力的原因及如何应对

每个人都以各自的方式感受着压力，也以各自的方式对压力做出反应。压力对每个人的影响各不相同，对领导干部而言，除了在工作中承受压力，生活中的压力也随处可见，子女就业、亲戚寻求帮助、物质诱惑、自己的作息时间难以保证等。更重要的是，近年来随着我国政府职能的转变，政府所承担的责任愈来愈大，对公务员队伍的心理素质和能力要求也越来越高，公务员掌握和行使公共权利的同时也被赋予了更多的工作责任、更高的社会期望。正如习近平总书记强调的："必须以更大的政治勇气和智慧，不失时机深化重要领域改革，攻克顽疾，突破利益固化藩篱，进一步解放和发展社会生产力。"作为政府形象的外化和载体，公务员特别是处在决策指挥位置的领导干部承担着国家事务和社会公共事务的管理责任，是国家经济和社会发展的重要力量，要完成这份职责与使命，首先要求领导干部自身必须有稳定的心理素质以应对改革攻坚过程中出现的各种障碍与挑战，如此才能带领组织走上更稳健有力的运行轨道。

一、领导干部生活压力源

每个人面对自然环境和社会环境中的种种负面事件和威胁，面对不可预测的未来，总会产生不安全感，并由此产生紧张、焦虑的情绪反应。这种情绪的内容、程度合乎情理，并可以为个体所接受理解，被称为"生存压力"，是个体的正常生理机能反应。如果经常或持续性地产生无明确对象或固定内容的恐惧、精神紧张、提心吊胆，并常伴有头晕、胸闷、心悸、口干、尿频、出汗、震颤和运动性不安等现象，则是一种病理性压力状态。压力会给人带来一种烦躁的情绪。中国工程院院士钟南山指出：“一个人的情绪如果整天处在低潮，体内抵御肿瘤细胞的能力就会下降20%以上，心理的健康与平衡对于生理的健康非常重要呢。”心理学研究发现：一个人在大发雷霆时，身体产生的压力激素足以导致小白鼠死亡。因此，压力激素又称“毒性激素”，它是会损伤身体的。《黄帝内经》载：“百病生于气也。怒则气上，喜则气缓，悲则气结，惊则气乱，劳则气耗……”现代医学发现：人类65%～90%的疾病，如癌症、动脉硬化、高血压、消化性溃疡、月经不调等都与心理的压抑感有关。如果个体整天焦躁不安、发怒、紧张等，就会令压力激素水平长时间居高不下，人体的免疫系统将受到抑制和摧毁，心血管系统也会由于长期过劳而变得格外脆弱。

一些人误以为做领导干部是让人向往的事，可以不用天天做苦活、累活，在办公室指导全局工作就能领到很高的薪水，有出差考察的好事也准会落在领导干部头上。但实际上，担任领导并非人们想象中惬意，反而很容易“高处不胜寒”。如果将心理压力的最大承受值定为100，那么处级干部自评压力值在60～80的占55.5%，80～100的占19.27%，人均压力值为77.60，属于中高偏高的压力水平[①]。领导干部在一定时间内所遭遇的压力生活事件越多，心理健康水平就会越低。而心理压力如果长期得不到释放和缓解，就可能引发心理健康问题甚至精神障碍，使其陷入心里痛苦与工作困境的恶性循环，因此领

---

① 石玉书：《当前党政领导干部心理状况分析与思考——基于327名局处级干部的抽样调查》，《中共南京市委党校学报》2016年第4期。

导干部心理压力已经成为一个亟待关注和解决的现实问题。那么，领导干部的心理压力源来自哪些方面呢?

1. **源自价值取向权衡的压力**

价值取向（value orientation）是行为主体基于自己的价值观内化，在面对处理各种矛盾、冲突、关系时所持的基本价值立场、价值态度以及表现出来的基本行为导向。价值取向具有实践性，它的突出作用是决定、支配行为主体的价值选择，因而对主体自身、主体间关系有重大影响。社会生活的不同群体的价值取向有各自特点，其中最受关注的当属领导干部的价值取向。

领导干部的价值取向表明了他们对待自我和社会的态度，不仅影响领导干部本身，甚至决定着整个社会的价值体系。每一位领导干部手中都掌握着公共权力，要求领导干部为公共目标而履职，为公众谋福利。但领导干部作为自然人的个体，不可能脱离他的个人利益而存在。尤其是在市场经济的条件下，领导干部作为市场经济主体中的一员，有追求自身利益的需求。这些自身利益有可能是面子、金钱，也有可能是权力。有些官员自认为清廉，却热衷于追逐权力和官位升迁。而在目前公务员组织人事结构呈金字塔形，越往上越窄的体制特点下，事业的成功往往存在着很大的不确定性。在干部的使用上，干部选拔任用工作的科学化、规范化、制度化还有待完善，难以保证优秀的人才一定都能够得到施展才能的机会。对事业前途的种种忧虑，使一些领导干部长期处在焦虑、失望、痛苦的压力之下，郁郁终身。

案例：

上帝与乞丐的故事

管理学中有个经典小故事：上帝想改变一个乞丐的命运，就化作一个老人前来点化他。上帝问乞丐："假如我给你 1000 元，你如何用它？"

乞丐回答说："这太好了，我可以买一部手机！"

上帝不解，问乞丐："为什么要买一部手机？"

乞丐回答："我可以用手机同城市的各个地区联系，哪里人多，我就可以到哪里去乞讨。"

上帝很失望，又问："假如给你 10 万元呢？"

乞丐说："那我可以买一部车。以后，我再出去乞讨就方便了，再远的地方也可以很快赶到。"

上帝感到很悲哀，这一次，他狠狠心说："假如我给你 1000 万元呢？"

乞丐听罢，眼里闪着光亮说："太好了，我可以把这个城市最繁华的地区全买下来。"

上帝挺高兴。这时，乞丐补充了一句："到那时，我可以把我的领地里的其他乞丐全撵走，不让他们抢我的饭碗。"上帝听罢，黯然离去。

很多时候，人们不是缺少机遇，也不是命运不公平，而是缺少一种正确的思维方式。现实生活中，因不肯改变或不善于改变思维而影响事业成就的例子不胜枚举。一个人的思维决定了他的格局，有什么样的格局就将有什么样的人生。领导干部在现实生活中需求不同、经历不同、职务不同、思维不同，面临问题时所持的立场态度就会不同。因价值观扭曲而造成的负面情绪压力，是领导干部生活压力源之一，不仅会造成人格心理障碍，甚至会诱发个人身心失衡。

2. **源自家庭生活的压力**

“家是最小国，国是千万家。”家是我们的生命之所，我们生于斯、长于斯、归于斯，家庭和睦则社会安定。家庭成员之间的感情联系与个体的心理健康状况高度相关。据有关资料显示，70% 以上的青少年犯罪都是因为家庭不和造成的；家庭关系越恶劣，青少年的心理压力越大。亲密度越高的家庭，越能在生活、交往、工作等方面给予家庭成员一定的支持和帮助，而且能带来情感上的交流和家庭的温暖，形成关系融洽、乐观进取、抵抗压力的良好氛围。家庭关系和睦与否对领导干部的影响亦是如此。

一项关于天津市部分市直机关基层党政领导心理压力状况的调查显示：在生活中，收入问题是基层干部心理压力的重要因素，有 78% 的受访者认为住房问题、收入问题、生活费用上升、医疗问题是生活中心理压力大的主要原因；66% 认为夫妻感情问题、子女教育问题、养老问题等家庭压力是关键；27% 认为社会治安问题、交通问题等是造成心理压力的原因。[①] 领导干部是一个特殊群体，扮演着领导者、儿子（女儿）、父亲（母亲）等多重社会角色，尤其是大部分领导干部处于中年，上有老、下有小的生活现实摆在眼前，负担车子、房子、家庭

---

① 王亚萌：《新时期基层干部心理压力现状及调试》，《市场周刊》2019 年第 6 期。

生活、双亲、子女等日常开销，工资收入不高是基层干部的主要生活压力；基层干部由于工作繁忙，时间和精力主要投入到工作和人际交往应酬中，陪伴家人的时间越来越少，容易导致夫妻关系、亲子关系紧张，造成家庭不和谐；还有部分领导干部爱与其他群体进行攀比，导致自卑或失衡心理。这些都是影响领导干部心理压力的重要因素。

习近平总书记指出："家庭和睦则社会安定，家庭幸福则社会祥和，家庭文明则社会文明。历史和现实告诉我们，家庭的前途命运同国家和民族的前途命运紧密相连。"因此，处理好源自家庭生活压力的问题就显得尤为重要。在依法治国的今天，家庭和睦不仅仅影响到夫妻恩爱、家人友爱、子女健康，还关系着成员守法、社会安定，更是领导干部个人身心健康的重要基础和保障。

3. 源自时代变革的压力

进入21世纪，人类社会正经历着一场前所未有的巨大转变，最能代表这个时代的词就是"变革"。随着世界多极化、经济全球化、文化多样化、社会信息化等深入推进发展，变革充斥着生活各个方面。特别是现代互联网技术的迅猛发展，带来了新的领导方式，领导干部的观念、思维也发生了根本变革。这给领导干部带来新的挑战，他们必须以更大的政治勇气和智慧攻克难关，进一步解放和发展生产力。这是一项长期的、艰巨的、繁重的事业，必须一代又一代人接力干下去。

对领导干部而言，变革具体表现在两方面：一是工作体制，二是社会环境。

在工作体制方面，随着公务员改革的深入，竞争上岗、选任制、聘任制、问责制等措施的实施加大了公务员的竞争，并对公务员提出了新的要求，过去“一杯清茶一支烟，一张报纸看半天”的清闲悠哉生活一去不复返。调查显示，67%的干部认为工作任务繁重、工作时间较长是心理压力增加的主要原因；70%认为竞争上岗、公开选拔、职务晋升、考评问责、待遇问题等精细管理增加了自己的工作压力。领导干部既要全力谋划和推动地方经济发展，又要关注地方生态平衡、环境建设，还要兼顾改善干群关系、平衡利益诉求、维护社会稳定。而考核指标也从以经济发展为主要依据改革为多方面、全方位的考察，这些变化都使得领导干部群体面临的压力日益增多。

在社会环境方面，随着信息化、网络化时代的快速发展，社会环境更加复杂多变。调查显示，43%的干部认为负面诱惑给自身带来压力；56%认为人际交往、利益调整、矛盾纠纷是其主要压力源；52%认为网络舆论这方面的压力不容忽视，另外突发事件作为压力源的比例达到39%。近年来，人民生活富裕的同时，贫富差距也不断加大，精神、物质和娱乐消费不断增加，导致少数干部心理失衡；随着从严治党的推进，反腐败力度加大，反“四风”不断深入，党中央对领导干部在党性党纪、工作责任等方面要求更高、监督更紧、管理更严，一些领导干部在工作和生活中总是小心翼翼、如履薄冰，害怕触犯纪律受到处分；随着互联网的普及，公众自由表达意愿的空间加大，信息传播速度更快，信息内容的真实性难以掌控，使得领导干部时时刻刻都要谨言慎行，生怕某些方面不注意就被传上网络曝光，或者被别有用心的人歪曲事实、恶意炒作，这都对领导干部带来了一定的心理压力。

4. 源自缺乏规划的压力

时间管理能力是个体有效利用时间，减少时间浪费，在最短时间内完成既定目标的能力。由于领导干部整天忙于日益繁重的工作任务，总会觉得时间不够用，容易过高估计时间流逝的速度，总是感觉很匆忙，常忙碌于工作，穷于应付下属要求，而没有多余的时间从事自己喜欢的活动、私人交际或是享受充分的休息。有些领导干部反映，他们的工作常态是“5 + 2”“白加黑”，根本没有时间去规划家庭生活、子女成长，甚至没有时间对个人成长中各种经验进行总结和凝练。这就会为领导干部出现短视行为，急功近利，缺乏长期考虑和长远规划埋下隐患，进而影响工作效果，导致工作效率低下，难以令人民群众满意，造成领导干部在个人价值与成就方面的低自尊感，产生心理压力。

究其原因是缺乏有效的时间管理。每个人同样都是一天 24 小时，但是有些人就是没时间或时间不够用；有些人则是忙归忙，但还会有充裕的时间自我放松、自我提升，以及处理家人、亲友关系，同时也能高效率地完成很多事情。这之间的差别，关键就在于规划时间的能力。

很多时候，源于生活的危机也可能是转机，压力的背后隐藏一股进步成长的动力。正所谓“天将降大任于斯人也，必先苦其心志，劳其筋骨，饿其体肤，空乏其身，行拂乱其所为，所以动心忍性，增益其所不能”。如果能以正确的态度和方法应对生活的变故或不顺利，压力反而能激发我们的潜能。高明的领导干部善于把压力转换为内在动力，就像一枚鸡蛋，从外打破是食物，从内打破是生命。生活亦是，从外打破是压力，从内打破是成长。如果能让自己从内打破，那么你会发现自己的成长相当于一种重生。

二、直面困难，承受生活的考验和磨难

压力看不见也摸不到，可它就是存在于每个人的生活中。在困难面前，人人都会有畏惧心理，不过困难在激发人们的恐惧心理的同时，往往也会激发人们的挑战欲。几乎每个人都有挑战自身潜力的渴望，领导干部也不例外。很多时候，作为一名领导干部，对于一些重要而又影响深远的压力事件是无法抗拒的。对成功怀有强烈渴望的干部尤其如此。他们渴望挑战困难，以此来超越自己、证明自己。对于这样的干部，越是表明某事难干，他越有可能去干。比如，下属告知他的上级工作难度很大，没有一年的时间是完不成的。他可能心里已经在想：是不是太小看我了，我偏偏要试试，把时间控制在10个月内。结果，真的不到10个月就大功告成了。

这种现象从心理学角度来解释，被称为“耶克斯－多德森定律”（Yerkes－Dodson Law），指动机的最佳水平随任务的性质不同而不同：在比较简单的任务中，工作效率随动机的提高而上升；随着任务难度的增加，动机的最佳水平有逐渐下降的趋势。耶克斯－多德森定律是美国心理学家耶克斯（R. M Yerkes）与多德森（J. D Dodson）提出的，该理论的核心观点是动机强度和工作效率之间的关系不是一种线性关系，而是倒U形曲线关系。中等强度的动机最有利于任务的完成。也就是说，动机强度处于中等水平时，工作效率最高；一旦动机强度超过了这个水平，对行为反而会产生一定的阻碍作用。如学习的动机太强、急于求成，会产生焦虑和紧张，干扰了记忆和思维活

动的顺利进行，使学习效率降低。考试中的怯场现象也主要是由动机过强造成的。[①]

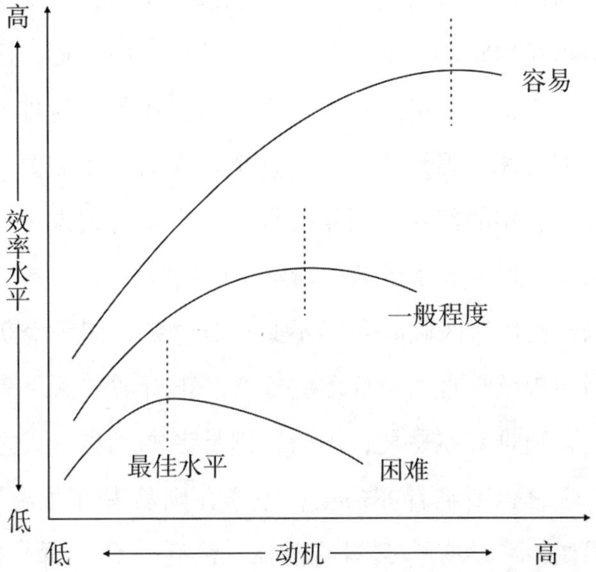

图 6-1　动机强度、课题类型与工作效率的关系

“知乎圆桌”讨论 2016 年里约热内卢奥林匹克运动会时，一个有趣的问题引起大家关注：为什么有的运动员能够“遇强则强”，有的则容易“临阵失常”？

这一现象从认知心理学与社会心理学角度可以得到很好的阐释，相关理论有两点：一是耶克斯－多德森定律，二是运动竞技中选手间的相互影响。有些运动员会因为强劲对手的出现而提高自身唤醒水平，进入更加兴奋的状态，达到“遇强则强”的效果；而有些运动员则会因为思想负担的加重而无法集中精神，导致“临阵失常”。假设在体育场上，一名运动员羽

① 彭聃龄：《普通心理学》，北京师范大学出版社，2004 年版，第 332 页。

翼未丰，先给自己树立了一个赶超对象。可教练对他说，“要想赶上这个目标不容易，要想超过这个目标几乎不可能”。结果，教练的建议对这名运动员产生了适度压力，运动员自我调节到高生物唤醒状态，不仅赶上了自己设立的目标，还超过了竞争对手。再来看看奥运冠军，为何已经在单项目排名第一的情况下仍不罢休？因为还有自己这个强大的对手需要挑战，今年挑战自己去年的纪录，明年挑战自己今年的纪录……正是这种挑战精神，世上有了无数的新纪录。

所以，在困难来临时我们不必过分恐慌，因为经历黑暗是为了更高的成就，直面困难才能蜕变。正所谓“天下事有难易乎？为之，则难者亦易矣；不为，则易者亦难矣。人之为学有难易乎？学之，则难者亦易矣；不学，则易者亦难矣”。邓小平同志强调：“没有一点闯的精神，没有一点‘冒’的精神，没有一股气呀、劲呀，就走不出一条好路，走不出一条新路，就干不出新的事业。”作为领导干部，进的路上肯定充满无数荆棘与挑战，但是只要坚定信念，敢为群众的幸福担当，尽最大的努力做事，兢兢业业、尽职尽责、任劳任怨，带领下属、群众真抓实干，就一定能攻坚克难，独占鳌头，扫除前行路上的障碍。

案例：

昂山素季的考验和磨难

昂山素季（Aung San Suu Kyi），是缅甸非暴力提倡民主的政治家。1988 年 9 月，缅甸全国民主联盟（NLD）成立，昂山素季担任总书记。1990 年，她带领全国民主联盟赢得大选的胜利，但选举结果被军政府作废。其后21年间，她被军政府断断续续软禁于其寓所中长达15年，在2010年11月13日终于获释。

1990年，昂山素季获得萨哈罗夫奖，翌年获得诺贝尔和平奖，但无法亲自前往挪威领奖，只好让其子代替自己发表答词。这份答词引述昂山素季的名言："在缅甸追求民主，是一国民作为世界大家庭中自由与平等的成员，过一种充实全面、富有意义的生活的斗争。它是永不停止的人类努力的一部分，以此证明人的精神能够超越他自然属性的瑕疵。"她将诺贝尔和平奖的130万美元奖金交付信托，用于缅甸人民的健康与教育。据说，昂山素季在被软禁期间生活很有规律：读诗歌散文，学习法语、日语，听摇滚，还喜欢弹钢琴。有一回钢琴坏了，军政府又不批准上门维修。有位爱尔兰歌手特别为她写了一首《弹不到的钢琴》。

三、积极处理人际关系，优化社会支持系统

领导干部与下属、群众之间，最基本的互动就是人际沟通。领导干部面对复杂的人际关系时能进行良好沟通，可以帮助其更好地实现职能，促进领导干部与下属之间的信息交流。如何与下属沟通，如何与群众沟通，如何让别人与自己沟通，是一门很深的学问，需要不断学习感悟。根据领导干部的工作属性，可以将领导干部的人际沟通分为两类：一类是领导干部指示性的沟通，主要目的是传达信息，同时将自己的知识、经验、意见等告诉对方，以期在工作中影响执行者的思想、态

度、行为等，进而引导下属积极投入工作；另一类是领导干部满足自身情感需求的沟通，其目的在于表达个人情绪状态，解除内心紧张压力，获得对方的认同和共鸣，确定领导干部与沟通者的人际关系。无论处理人际关系目的如何，领导干部与下属的人际沟通都是采取上述两种方式进行，不同的沟通方式有不同的特点和作用，也会给组织带来不同的影响。

1. 处理人际关系的基本规律

任何沟通都必须以一定的符号系统作为沟通的工具。领导干部积极处理人际关系，需要掌握言语沟通技能和非言语沟通技能，二者共同发挥作用，促进领导干部在工作生活中实现有效沟通。

（1）言语沟通，是以言语作为符号系统进行的沟通，口头语言、书面语言、图片或者图形。言语沟通是领导干部和组织成员进行沟通的最主要方式。从领导干部作为沟通的主体来看，领导干部演说、征求意见、布置工作任务、开展思想工作、总结报告、向上级请示、汇报工作、转达意见、培养下属干部等，大多采取言语沟通的方式进行。言语沟通的特点在于简便易行，可以直接听取对方的反应，当场解决问题。只要参与交流各方对情境的理解高度一致，所交流的意义就损失得最少。同时，言语沟通具有直接性，可以在沟通过程中直接观察对方的反应，了解对方的思想、感情，增强双方的亲切感，更能完美地传达信息。因此，领导干部在领导活动中，应尽量采取言语沟通的方式进行沟通。

（2）非言语沟通，是使用各种非言语符号系统进行的沟通，主要包括副语言、视觉符号、交往空间三大类。副语言沟通也称为辅助语言沟通，个体说话时的音调、响度、语速、停顿、升降调等都有一定的意义，可以成为人们理解言语表达内容时的线索。例如，下属一句“我没意见”，根据不同语境、语速、语调，可以表达不同的含义。一般来说，深沉、平稳和坚定的语气说明真的没有意见，会积极贯彻执行；而低语调、慢节奏、声音带有颤音的语调，往往说明该下属成员不是没有意见，而是怕提出意见会引起领导干部的不满；当下属成员使用嘲讽的语气，声音带有轻蔑挑衅，则说明他对领导干部征求意见的方式和诚意表示怀疑、不满。副语言的加入，给沟通双方相互理解对方发出信息的真正意思表示带来一定困难。这就需要领导干部在沟通中注意对方的音调、音量和节奏变化等，从而做到理解说话者的真正意图。

视觉符号沟通，主要包括面部表情、身体运动和神态、姿势、目光接触、人际距离、衣着等，身体接触也是人们常用的一种非语言符号。姿势和表情是视觉符号沟通的重要方式。领导干部的面部表情、手势、动作都可以传递信息。例如，领导干部对下属点头微笑可以表示领导干部对下属的认可，拍拍肩膀表示对下属的信任。当领导干部与下属成员交谈时，若有一方皱起眉头，会让另一方认为是对讲话的怀疑；不时微微点头，则表示同意对方的观点；微微摇头，则表示反对；等等。个体的不同姿势可以表露不同情绪，也可以掩盖个体情绪。因此，领导干部在沟通过程中，应该注意研究对方表情、手势、动作等视觉符号，有助于领导干部详尽了解综合情况。

交往空间，是非言语沟通中一种特定的空间系统。领导干部在与下属成员沟通时，正确运用交往空间，会使沟通取得更好效果。领导干部与下属成员交谈距离的远近、交谈地点的选择、交谈时间的长短，会反映出不同的意义。领导干部与下属成员的交谈可以在领导干部的办公室进行，也可以是到下属家中，或者一边散步一边进行交谈，不同的交谈空间可以表示不同的意义，产生不同的效果。如果领导干部与下属成员的交谈是在领导的办公室进行，表明谈话内容比较重要、严肃，双方都以各自的角色进行交谈；如果领导干部到下属家中拜访，或者边散步边交谈，可以表示亲切和诚意。因此，交往空间的选择非常重要。如果交谈的内容严肃重要，最好选择在办公场所进行；如果交谈的内容轻松随意，如交换个人意见、征求下属的意见等，可以选择到下属家中拜访，或者边散步边交谈。非言语沟通在沟通中起着非常重要的作用，它可以强化也可以弱化言语沟通的作用，并能够体现沟通过程中参与者的意愿、动机。作为领导干部，不能仅靠书面汇报材料获取来自组织其他成员的意见，也不能单纯依靠下达文件的形式向下属成员发出信息。就像领导干部看一份会议纪要，其印象绝对没有亲自参加会议的印象深刻。即使是只字不漏地记录会议内容，也无法把非言语信息记录进去，会议中发言者的说话姿势、表情、语气等无法被记录，对信息理解的准确性就会受到影响。

言语沟通和非言语沟通各有其作用，在领导干部的人际沟通中往往相互依存、互相补充。在不同情境下，有时言语沟通的作用大些，有时非言语沟通的作用大些。近年来，社会心理学家越来越强调非语言线索的作用。伯德威斯特（Ray Birdwhistell）认为，语言在交谈中只表达不超过30%～35%的信息。梅拉弁（Albert Mehrabian）估计，情绪信息只有7%是通过语言表达的，而55%由视觉符号传递，同时38%由副语言符号传达。有的研究者甚至认为，情绪信息的表达完全是通过视觉通道完成的[①]。有研究表明，当语言和副语言不一致时，对方主要依赖于副语言信息；当副语言和面部表情不一致时，则主要依赖于面部表情。有学者主张，各种人际交往都是多种线索相互作用的结果。言语沟通和非言语沟通都很重要，只是由于沟通情境等原因，有时是非言语沟通显得更重要些，有时则是言语沟通显得更重要些。语言更擅长沟通的是信息，而非语言则更善于沟通的是人与人之间的思想和情感。[②]

2. 处理人际关系的技巧

协调人际关系非常重要，但在日常生活中，不协调的人际关系时常出现，不但给涉事相关人的工作交流增加了障碍，更有甚者给整个社会带来了负面情绪和不良影响，那么应该如何提升人际交往能力？领导干部可以从以下方面进行调整和改进。一是要认清自己的角色。人际关系是复杂的，我们交友肯定有深浅厚薄，不可深交的人，我们不妨浅交，注意保持适当距离。对别人不要苛求太多，否则会造成人际关系的紧张，影响自己的心理健康。二是要克服挑剔心理。挑剔心理是人们在处理人际关系中常见的一种病态心理，它表现在经常以指责、抱怨、批评、唠叨的口吻讲话。宽容、赞赏是领导干部克服挑剔心理的良药，也是实施有效领导、提高个人威信的重要途径。每个领导干部都应该学会赞赏，以激发和调动下属的积极性，建立起良好的上下关系。三是要培养幽默感。对于选择一个严肃的领导还是一个乐观的领导，可能很多人会毫不犹豫地

① 关世杰：《跨文化交流学——提高涉外交流能力的学问》，北京大学出版社，1995 年版，第 263 页。

② 章志光：《社会心理学》，人民教育出版社，2008 年版，第 290 页。

选择那些乐观幽默的人。在工作中，一个领导干部有一定的由职位权力带来的一种强制性的控制能力或命令能力。除了这种能力，还应该使下属员工愿意追随你，这会使人们产生更大的积极性、能动性。

从人际沟通的角度，领导干部应注意不同沟通渠道的方法和技巧。沟通的渠道有多种形式，常见的分类有：下行沟通、上行沟通和平行沟通。

（1）下行沟通，是领导者向下级进行的沟通。下行沟通的作用主要在于领导者把方针、政策和领导意图传达给下级，指明行为方向和工作目标，下达任务。在下行沟通过程中，领导者必须注意对下属情况的了解。如下属的思想状况、文化程度、工作积极性、理解和接受程度、个性特征、接受能力等，以决定沟通的内容、方式。领导者对下级各个方面了解得越深刻，就越能够掌握沟通的主动权，进而提升沟通效果。同时，领导者还应常常与组织下级成员接触，增强下属成员对领导者的信任，以便更容易接受来自领导者的要求。反之，领导者高高在上，不了解情况，只凭想当然办事，下属成员很难完全接受领导者的意见。在下行沟通的过程中，领导者还必须听取下级的意见，及时沟通，以增强组织下属成员的参与感。

（2）上行沟通，是组织下属成员把意见和要求传递给领导者。这种沟通，为领导者了解组织下属成员工作情况、下属接受任务指令、开展任务情况提供了反馈信息，同时也是领导者获取其他信息的重要渠道。下属成员通过上行沟通，把自己的意见和要求反映给领导者，不仅能推进工作开展，还可以获得心理上的满足。领导者通过上行沟通，可以了解详细情况，促进领导工作有的放矢。上行沟通要求组织下属成员实事求是，也要求领导者发扬民主，摈弃因上下级地位而造成的心理差异。

（3）平行沟通，是领导者与组织下属成员之间统一思想、统一行动的沟通，这种沟通可以促使组织领导班子成员与下属成员达到工作上的相互支持。平行沟通要求领导者创造一个平等良好的组织氛围，通过平等协商的形式交换意见。不能形成“领导干部‘一言堂’，‘一把手’说了算，其他成员跟着干”的局面。在平行沟通中，领导者通常可以从赞美开始，根据场景调整沟通态度和策略，在沟通过程中尽量扩大与对方的相似性，引发共同感情体验，拉进情感距离。

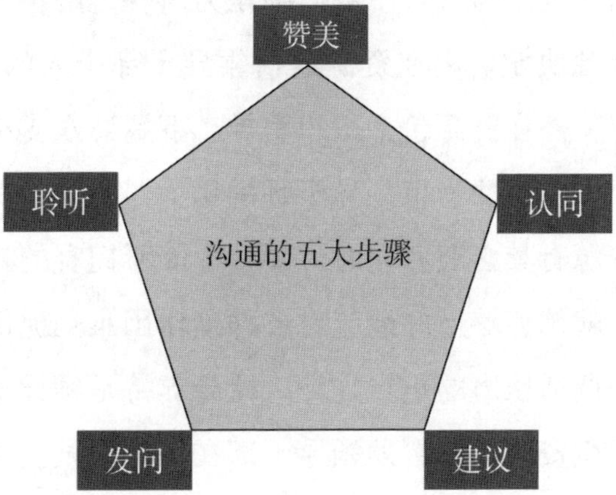

图 6－2　沟通的五大步骤

总之，领导干部在与组织成员交流时，要按照基本的沟通原则交流，有时候不是因为说话者说的内容不当，使下属成员产生情绪低落的表现，而是领导干部沟通时没有与对方的情绪产生共鸣，即无法达成人际关系交点，最终无法形成有效沟通。虽然沟通的形式、原则有许多，但领导干部在与下属成员沟通中，为尽可能达到期望结果，可以遵守“发问、聆听、赞美、认同、建议”五大步骤进行沟通，以期达到有效沟通的目的。

3. **优化社会支持系统**

社会支持系统，指社会网络运用一定的物质和精神手段对社会群体进行无偿帮助的行为，是个人与组织间的接触，通过这些接触，个人得以维持社会身份并且获得情绪支持、物质援助、服务和信息以及新的社会接触。

领导干部所拥有的资源可以分为个人资源和社会资源。个人资源包括领导干部的自我功能和应对能力，社会资源是指领导干部所处社会网络中的广度和网络中的个体所能提供的社会支持功能的程度。当领导干部面临压力事件，解决方式可由内在与外在资源决定。内在资源包括领导干部个人的应对技巧、自我效能等，外在资源包括组织引导、下属群众支持等。内在与外在资源可以缓冲当事领导干部的压力与威胁，所以强化内在与外在资源有其必要。同时，领导干部所拥有的社会支持网络越强大，就越能够很好地应对各种工作困难。提供社会支持与鼓励亦是调适压力的重点之一。社会支持是领导干部在工作中可用的环境资源，可帮助领导干部在工作中抵抗压力。以社会支持理论取向的社会工作，强调通过干预个人的社会网络来改变其在个人工作中的作用。特别是对那些社会网络资源不足或者利用社会网络能力不足的领导干部，自我优化社会支持系统有利于给他们以必要的帮助，帮助其扩大社会网络资源，提高其利用社会网络的能力。

根据社会支持系统的来源，可以将其分为：情绪支持、社会整合或网络支持、尊重支持、实质帮助、资讯（信息）支持。

情绪支持，指个体在压力期间向他人寻求安慰、安全感的能力，使得个人觉得自己是被他人照顾的。

社会整合或网络支持，指个体认为自己是属于团体中的一分子，团体小的成员有共向兴趣，故使得个人得以参加各种不同形式的社交或休闲活动。

尊重支持，指借他人援助，使个体产生有能力或自我尊重的感觉。

实质帮助，指具体的或工具协助，给予压力情境中的个体以必需的资源。

资讯（信息）支持，指给予个体有关可能解决某个问题的方案、建议、经验、指导等。

社会支持可以使领导干部通过社会联系减轻心理应激、缓解紧张状态、提高社会适应能力。因此，领导干部在复杂多变的工作中要开放自己，调动全员积极性，取得下属信任，建立亲密关系，在自省的前提下通过他人来了解自己，虚心听取群众意见，得到所属群体、社会的认同，从而优化社会支持。

四、提升精神生活质量

精神生活是对人类思想活动状态的一种形容，在不同时期，人的心理需要是不一样的，随着人类的发展，尤其是文化程度的提升、思想能力的提高、必要劳动的减少，都使人们的思想需求不断增长。领导干部的精神生活亦是如此。党的十九大是在全面建成小康社会决胜阶段、中国特色社会主义进入新时代的关键时期召开的一次十分重要的大会。这次会议明确回答了我们党在新时代举什么旗、走什么路、以什么样的精神状态、担负什么样的历史使命、实现什么样的奋斗目标等重大问题，同时也给党的领导干部明确了新的精神生活提升指标。当前，全党、全国上下以新作风对标新要求、以新作为践行新使命。作为党的领导干部，其一言一行无不代表党和政府的形象，不仅要在工作中兢兢业业、亲力亲为，在生活中更要注意个人形象，做好表率作用。

首先，领导干部要提高自我效能。领导干部要有自信，相信自己拥有资源可以应付所需，当遇到有压力的事件时，会将其视为“挑战”，而不是“威胁”。自我效能会左右我们毅力和挫折忍受力的程度，对自己能力有信心的领导干部，面临压力时不会被压力打倒，能坚定个人理想信念，有能力克服困难。反之，对自己能力没有信心的领导干部，很容易因为一些负面影响而对自己产生怀疑。因此，对领导干部而言，信念就是一股力量，要解开压力带来的枷锁，不断提升自我效能，建立个人信心，相信自己能够妥善解决问题。

其次，领导干部要清楚自己的目标。工作中，目标是实际行动的指南，所以领导干部必须弄清楚自己的目标。确定目标的原则是：完整、具体、合理、可行，先明确组织的期待与需要，清楚自己的主要目标，拟出长期计划与短期计划，订出适当的完成期限，如此一来工作将变得充实而有次序。确定自己的目标计划后，排出工作任务的先后顺序，把重心放在最重要的、需要优先处理的事情上，然后拟订行动方案，再将一些无关紧要的小事排在时间空当中，充分利用时间，同时也要预留一些弹性时间以应对突发状况。

再次，领导干部要自我认知。领导干部良好的自我认知能力是开展工作的基本前提，影响着领导干部工作的方方面面。一个合格的领导干部，应该自我体验、自我观察、自我控制、自我提高。这就需要领导干部在工作中不断丰富自己的知识，提升个人情商，不断更新自己的思想，不断完善自己的行为。与此同时，领导干部必须在领导过程中，与干部群众广泛接触，将符合事业利益的组织观念转化为自我意识的一部分，积极主动把自己和组织融为一体，俯首甘为孺子牛，全心全意为人民服务。

最后，领导干部要找准位置，树立威信。领导干部要想有所作为，找准位置很关键。只有定好方位，才能做出正确抉择，扮演好领导角色。领导干部始终走在队伍最前面，带领下属、群众克服困难，战胜黑暗。为此，只有对岗位职责深刻理解、高度认同，才能找准位置，拥有更多的追随者和拥护者。在拥有能力、发挥影响力的同时，也要不断树立个人威信，在对待金钱价值上，更要重视精神层面的无形价值，树立自我形象，追求比金钱更加宝贵的精神财富。

第七章

领导干部的认知减压

领导干部自我认知的管理，是管好自己，学会调节管理情绪，而不是察言观色、隐忍不发。良好的自我认知能力，不仅是领导干部能力素质的基本要求，更是领导干部胜任工作的重要保障。同一种情境，两个人可能会用完全不同的两种方式解决，原因在于个体对现实的构建是建立在知识结构、经验累积、个人需求、价值观念、理想信念、目标渴望、现实情况等方面上。不同的个人构建决定了领导干部不同的问题处理方式。当领导干部有相对稳定的个人构建，注重自我修养时，开展工作将更加顺利。

一、整顿心情，调节情绪

1. 情绪的产生

人是理智、有思想、有情感的动物，人的心理活动总是通过情感变化而影响内脏器官的活动。积极、愉快的情感对人的生活起着良好的作用，有助于发挥机体的潜能，提高工作效率，增进人体健康。考察人脑的进化过程，可以帮助我们更好理解人的情绪对理性心理潜在的控制作用，以及情感和理智容易打架的原因。人脑由细胞和神经液组成，重约二斤七两，是其他灵长类动物大脑重量的三倍，最原始的部分是脑干，也是情绪中枢的起源。经过几百年的进化，情绪中枢进化成为会思考的大脑，位于大脑最外层，充满褶皱，像灯泡一样。情绪中枢的出现早于思考，比思维更具有原始性、本能性。

关于情绪的确切含义，心理学家和哲学家已经辩论了100多年，产生了20种以上的定义。尽管各种学术观点不尽相同，但都承认情绪是由三种成分组成的：一是情绪涉及身体的变化，这些变化是情绪的表达形式；二是情绪涉及有意识的主观体验；三是情绪包含了认知的成分，涉及对外界事物的评价。当今社会，面对日趋激烈的社会竞争、紧张的生活节奏，人们内心压力不断增加，精神能量急剧下降，焦虑、忧郁、失落、压抑等负性情绪随之而来。情绪的调节，对处于压力状态的人们而言显得极为关键。从情绪的来源看，我们可以将情绪分为与生俱来的“基本情绪”与后天工作、学习、成长中的“复杂情绪”。基本情绪与生俱来，复杂情绪必须经过个体后天学习成长，通过人与人之间的交流才能学习到。每个领导干部所拥有的复杂情绪数量和对情绪的定义都不一样。比如，领导干部舍己为人的行为表达了其崇高的工作精神，全心全意为人民服务的思想观念。从基本情绪的角度看，舍己为人这种行为是非理性的；但从复杂情绪的角度看，这是领导干部工作中最深层次的感受、激情和渴望引导下的唯一选择。情绪的力量非常强大，人类得以生存和延续在很大程度上要归功于情绪对人类行为的影响。

很多时候，人的行为会由情绪驱动。强烈的感性会战胜理性。回想一下自己的工作和生活经验，我们就会意识到，进行决策和行动时感觉支配下的决定，其作用效果常常超过思维的作用。当领导干部接到一些挑战任务过于重大，超出理智思维处理能力的工作，比如危险、痛苦、仕途遭遇的挫折等，就需要情绪来指导我们应对这些挑战。情绪像是领导干部对于行动的特殊准备，在开展工作时，可以让人快速做出反应，按照过去被证明行之有效的方法去应对工作中反复出现的挑战。但人被情绪过度控制时，可能会失去理智。尽管我们一直在强调以理智为标准进行工作，但当情绪失控占据主导地位时，理智就很可能会被压倒。因此，管理情绪至关重要。

情绪无限，而自由空间有限。人和动物的区别在于理性，人如果失去理性就是动物。人的欲望无限，而资源有限。所以要学会管理欲望，控制情绪。人类过去缓慢演进的程序已不适应今天社会发展的速度，从领导干部的角度来看，快速发展的社会体系要求领导干部在领导实践活动中不断地丰富自己的知识、情感，不断创新改变自己的思想、行为，使自己的行为服从目标任务，通过理性的自我调节、自我控制，使理性自我与现实自我在工作环境中达到平衡状态。

2. **情绪对身体的影响**

人民日报微信公众号上发表的一篇文章《70% 的疾病与情绪有关》曾引起社会高度关注。该文章对情绪给身体健康造成的负面影响做了全面调查分析，呼吁人们及时进行心理体检，了解自身的情绪状态，降低罹患疾病的概率。

据该文章统计，目前与情绪有关的病已达到 200 多种，在所有患病人群中，70% 以上都与情绪有关。恐惧、焦虑、内疚、压抑、愤怒、沮丧……每个人的身体里，都有一张关于情绪的地图。研究指出，70% 以上的人会受到情绪对身体器官的“攻击”。癌症与长时间的怨恨有关，常受批评的人易得关节炎……如果不想生病，应学会做自己情绪的主人。

情绪是身体的报警信号。现在人们经常说的一个字就是“累”，不仅身累，更是心累。生存压力让很多人越来越情绪化，有些情绪连自己都没意识到，但身体却早早地发出了报警信号。该文章认为，当人情绪变化时，往往伴随着一系列生理变化。比如恐怖会让人瞳孔变大、口渴、出汗、脸色发白；而情绪低落或过度紧张时，人会越来越讨厌自己的长相，觉得怎么穿、怎么梳妆都不顺心，然后就会发现自己头发出油、鼻翼出油、心烦冒汗，甚至下体分泌物异常或有味。精神科专家表示，不管是正面情绪还是负面情绪，长时间处在某种情绪中不能自拔，都会对健康产生不利影响。

不同的情绪对应着不同的身体疾病。比如恐惧、焦虑会导致腹部疼痛；批评、内疚会引发关节炎；压抑会导致哮喘；经常愤怒的人容易有口臭，还易出现脓肿；恐惧会引发晕车和痛经。胃肠道被认为是最能表达情绪的器官，心理上的点滴波动其都能未卜先知。在所有的心身疾病中，胃肠疾病是排名第一位的，比如胃溃疡和十二指肠溃疡，全球约有10%的人一生中患过该病。很多人都有这样的经验：一遇到紧张焦虑的状况就会胃疼或腹泻，压力大的时候根本吃不下饭。司机、警察、记者、急诊科医生等患胃溃疡的比例最大。第二是皮肤，其也是反映情绪状态的重要指征。对很多人来说，紧张时头皮发痒、烦躁时头皮屑增加、睡不好就狂掉头发，还有反复无常的荨麻疹、湿疹、痤疮，都可能是长期不良情绪带来的后果。第三是内分泌系统。女性的卵巢、乳腺和男性的前列腺最容易受到不良情绪的冲击。

大量临床医学研究表明，小到感冒，大到冠心病和癌症，都与情绪有着密不可分的关系。充满心理矛盾、压抑，经常感到不安全和不愉快的人，免疫力低下，经常感冒、一着急就喉咙痛；紧张的人则会头痛、血压升高，容易引发心血管疾病；经常忍气吞声的人得癌症的概率是一般人的三倍。

情绪既是主观感受，又是客观生理反应，具有目的性，同时也是一种社会表达，常常由多元的、复杂的综合事件产生。

情绪与身体健康的关系是近年来医学领域研究的热点，根据情绪的产生方式和性质类型，大致包括以下七种容易对身体造成伤害的负面情绪。

（1）生气。生气是最常见的情绪，也是对身体伤害最大一种状态。“气死我了！”这是人们常挂在嘴边的一句话。有些易生气的人每天都会生气，甚至每天能生气好几次。从健康角度来讲，闲气、怨气、闷气、赌气和怒气这五种“气”，不仅会让人心情变差，还会在身体里留下“不良记录”。生气时面色苍白、嘴唇发紫、手脚冰凉，时间一久就会导致免疫功能低下，脏器病变。特别是身体不好的老年人，生气时血压瞬间上升，很容易出现脑出血、心脏病和心肌梗死。

“制怒剂”：发火前可以闭上眼睛，想象着面前挂着一幅“怒”字。“怒”就是奴隶自己的心，这时要给自己心理暗示，千万不能做情绪的奴隶。生气最好不要超过3分钟，在气头上不要盲目作决定。

（2）悲伤。心血管科专家告诉人民日报记者：“对心脏危害最大的莫过于悲伤。”“茶饭不思”“借酒消愁”都是过于悲伤的表现。悲伤时的生理反应与身体上忍受痛苦时相似。悲伤时，人体交感神经系统分泌出大量的压力激素，会使动脉收缩，容易导致心脏病发作。当一个人悲伤时，往往呼吸急促甚至泣不成声，容易造成肺气的损伤。即使是健康的个体，长期处于悲伤的生理状态，也容易造成心肌缺血、心衰等病症。

“抑悲灵”：悲伤时可以试着强装笑脸，这种“心理假动作”有利于释放不良的情绪。或者用“愉快回忆法”，想想之前的一些快乐经历，转移注意力。另外，悲伤时一定要和人交流。

（3）恐惧。当个体面临威胁，或者可能受伤时会本能地产生出一种情绪，这就是恐惧。比如害怕公共场合，害怕与人交往，看到恐怖片就汗毛竖立、惊声尖叫。恐惧可能派生出很多种其他的情绪，比如紧张、焦虑、害怕、不安等。调查显示，“失去工作”是男人最恐惧的一件事，“失去婚姻”则是女人最恐惧的一件事，这两种恐惧背后是人类社会规则下男性和女性感受到的生存威胁。如果一直处于恐惧状态下，就会心慌、心跳加速、呼吸急促、头脑混乱甚至晕厥。

“消恐药”：恐惧是很正常的心理反应，不必有压力和负担。对于已经发生的恐惧事实，要设法冷静下来，想到事情最坏的结果并坦然面对。也可以先将自己恐惧的各种可能因素列举出来，学会直面它，通过多次练习，让自己逐渐适应并学会应对恐惧。

（4）忧郁。性格内向、郁闷不畅、不善交往、遇事自解能力差……这是部分癌症病人的共同特点。长期处于忧郁状态，会导致过多的肾上腺素和皮质类胆固醇的产生，加快人体衰老进程。不少老年人由于退休后儿女不在身边，在孤独和忧郁的阴影包围下，很容易“老得快”。

“宽心丸”：面对忧郁可以反向思维，看到问题中好的一面，并积极寻求快乐的心态。广交朋友可以让自己的注意力转移，和三五好友下几盘棋、唱唱京剧甚至跳几支舞都有利于消除心中的郁闷。

（5）敌意。现代人工作生活压力大，每天接触到形形色色的人，其中难免有“不对付”的，很容易产生负面情绪。敌对情绪会转化为焦虑，长期积累可能会破坏免疫系统，严重的会导致心脏受损。消极情绪与肺功能衰退有关，还会反过来加速老人肺功能衰退。此外，敌对情绪还会引起心脏病、哮喘等。

“友善片”：80%的敌对情绪是能被克服的，试着将对方的优点放大，正视社会和职场规则，多想些工作方面，少算计人际关系。当出现敌对情绪的苗头时，可以给自己沏一杯绿茶，其中的茶氨酸有助于平稳情绪，理清思路。

（6）多疑。日常工作生活中，办公室里发生一些不愉快的事情，会强行与自己联系起来；丈夫或妻子晚归几小时，会马上怀疑他是否有第三者。多疑的人往往感到孤独、寂寞、心慌和焦虑，特别是有些老年人，即便一点小事，也要琢磨猜忌很久。这一类人天天紧张不安，最终可能导致心理崩溃，也会因为寝食不安而引起食欲不振、营养不良。

“抗疑素”：如果感到有多疑的情绪产生，可以每天记录自己一个优点，这样有助于增强自信心，改善与别人面对面沟通的能力，减少误解。

（7）季节性失控。研究显示，在炎热的夏季，约有10%的人容易情绪失控，频发争执和摩擦；在冬季，抑郁患者会比平时多；天气好的时候心情就好，而遇到雾霾天气心情就会很糟糕。这些情绪问题被统称为“季节性情绪失调”，对环境和气候格外敏感的人会产生焦虑或低落的情绪，严重的还会引起机体正常功能的衰退。

“情绪阀”：夏天时积极调整饮食起居，用跑步、游泳等运动方式转移负面情绪；冬天时多吃些蔬菜和水果，多参与户外活动，晒晒太阳，提高室内自然光线，等等，这些都有利于排解消极情绪。

3. 情绪的调节平衡

当领导干部感觉到压力过大，情绪波动的时候，大多是由于想要拥有的成就与现实不匹配，付出的辛勤劳动与收获的成果不平衡，此时若是靠压抑、掩藏内心感受来消除负面情绪，是不科学也无益处的，一定要试着舒缓释放自己的负面情绪。那么如何拥有积极愉快的情绪状态呢？除了在饮食上进行调整外，还要注意开导自己，用心智来调整。每天愁眉苦脸，这样反而更容易让自己陷入坏情绪的恶性循环中。

领导干部在自我调节情绪时，还应注重自我修炼。压力80%来自自我施压。自我修炼包括对自己情绪控制的提升及对周围状态的认识。与其寻求外界的帮助，不如先丢掉那些不必要的包袱，分清事情的轻重缓急，不要对自己太苛刻了，尽善尽美只是一个遥不可及的梦。适当放低一下标准，放松一下自己的心情，在客观上也减轻了下属的压力。

每个不同层级的领导干部都清楚踏实努力的重要性，随着阅历的积累和不断积极学习，才会有更高的成就。但过重的劳动会导致个体生理疲劳，工作效率低下，从而导致过分的焦急与紧张。其实，适当的休息不但可以缓解大脑疲劳，而且可以放松一下紧张的心情，减轻心中的压力。同时，要注意将工作和生活分开，让家庭成为自己最稳固的支持，才不会负重前行。

二、激发快乐想象，积极地自我暗示

社会犹如一张巨大的网络，每个人在社会系统中都会处于特定的位置，人生活于世需要罗盘指引方向。按照所处位置的特点，围绕个人的目标，做出正确的行为选择，扮演好不同的角色，是个体必备的社会生活技能。作为领导干部，想要取得长足发展，也应在工作上定好方位，找准组织发展方向，并不断进行积极自我暗示，理智对待自己的长短优劣，积极乐观地带领组织成员克服困难、战胜黑暗。

1. **悦纳自我，激发快乐**

悦纳自我，指个体能正确评价自己、接受自己，并在此基础上使自我得到良好的发展。也就是说，坦然接受自己的一切，无论好坏，无论成功失败，平静、理智地对待自己，既不消极回避自身现状，不自欺欺人，也不自怨自艾，甚至厌恶、否定自己。马斯洛的需求层次理论认为：人有尊重的需要，这是仅次于自我实现需要的第二高层次的需要。尊重的需要又可分为内部尊重和外部尊重。其中内部尊重就是人的自尊，是指一个人希望在各种不同情境中有实力、能胜任、充满信心、能独立自主。悦纳自我离不开乐观的心态。自信的人经常会把自己看作是有价值的、能干的人；自卑的人恰恰相反。人们的许多痛苦，往往来自不接纳自己。悦纳自我，不仅要接纳自己人性中的优点长处，更要接受自己的缺点与不足。在此基础上，努力改进自己、完善自己，方能做最好的自己。

领导干部能够积极悦纳自我，是形成正确自我认知的核心。老子曰："知人者智，自知者明。"不妄自菲薄，培养恢宏志士之气，是迈向成功的第一步。每个人都有值得别人欣赏的地方，一个懂得欣赏的人，定然会悦纳自我。有作为、有影响力的领导干部总在充分肯定并悦纳自我的同时，积极追求自我完善，努力实现自我价值。领导干部如果能快乐地接受自我，整个心胸便会舒展和开阔，同时会发现自己能更加容易接受下属意见。

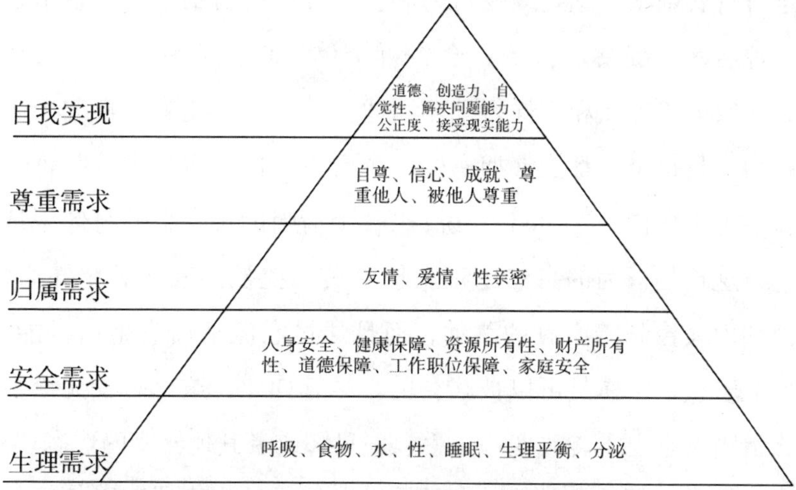

图 7-1　马斯洛需求层次理论

领导干部悦纳自我包括三方面：一是接受自己的全部，无论优点还是缺点，无论成功还是失败。充分了解自己，对自己的愿望、需求、能力、知识、品性有一个比较客观全面的认识。二是无条件地接受自己，接受自己的程度不因自己是否做错事而有所改变，无论好的或坏的、成功的或失败的，都是自己的一部分。三是喜欢自己，肯定自己的价值，培养自信、自立、自强、自主的心理品质，有愉快感和满足感。强者不是天生的，强者之所以为强者，是因为其善于战胜自己的软弱和缺陷。亚里士多德的沟通能力不好，可他成了举世惊叹的哲学家；凡·高容易受情绪干扰，但他凭自己超凡的视觉力成了世界闻名的画家；贝多芬失聪，但他依靠自己非凡的领悟力成了威名远扬的音乐家。这些名人都是世界上优秀的成功者，他们悦纳自我，最终达到了人生的高境界。伟人之所以伟大，在于其始终保持一颗不甘落后、快乐向上的心。

2. 自我暗示，自我调节

自我暗示，是通过主观想象某种特殊的人与事物的存在来进行自我刺激，达到改变行为和主观经验的目的。自我暗示是一种启示、提醒和指令，会告诉个体应该注意什么、追求什么、致力于什么和怎样行动。因此，自我暗示能支配影响个体行为，是每个人都能够拥有的一个看不见的法宝。古希腊哲学家亚里士多德（Aristotle）说："一个清晰的想象促使身体服从它，这正是行为的自然原理。想象实际上控制着所有感知力，感知力又控制着心脏的跳动，而且通过它激活所有生命机能。因而，整个机体是可以被改善的。尽管如此，这个想象无论多么清晰，它也不能改变一只手、一只脚或者其他器官的形态。"

领导干部的自我暗示心理活动对组织工作完成起着特殊的调节作用。自我暗示的作用表现为领导干部对组织工作目的性、方向性的把握，在进行工作之前，工作的目的、结果以观念的形式存在于领导干部头脑中，据此做出计划，指导行动，则容易使工作达到预期目的。反之，如果在未开始工作之前就产生了怯弱，往往会对自己说："怎么办？不行的，真的不行！"结果几乎90%真的不行，以失败告终。2008年国际经济危机时，温家宝就指出："当金融和经济危机到来的时候，信心比黄金更贵重。"也正是在国人和国民企业万众一心的信念下，我国经济坚挺地走过经济危机，把损害降到了能承受范围的最低。心理暗示很重要，唯有相信，才有可能。

领导干部的自我暗示，自我调节，需要注意从多个角度、多个侧面进行。一方面，要进行纵向调节，将现实的自我和理想的自我作比较，看到自己的差距；同时，也要将现实的自我与过去的自我作对照，看到自己的进步。另一方面，要进行横向调节，与超过自己的干部、和自己相似的干部、比自己工作能力差的干部作比较。将上述各个方面获得的信息综合分析，以获得较为客观的调节机制。

3. **自我提升，树立威信**

面对复杂多变的形势任务，每个领导干部要责无旁贷地转变角色，要学会换位思考，开阔视野，积极适应形势变化发展的客观需要。领导干部不论出身如何，不管所在岗位多重要、权力多大，只有不断提升自我才是硬道理。如果不从自我提升出发，领导干部在职位上的胜任力就失去了根本动力。因此，要激发快乐想象，积极主动认清状况，自我关注，自我提升。

自我提升是领导干部事业追求的内在驱动力。自我提升的同时，领导干部的威信也会相应建立。也就是说，领导干部活得更有意义、更有价值、更有尊严，会得到下属、群众的爱戴。虽然说领导干部的生命具有个体属性，但领导干部的工作生活不只是为了自己，更多的是如何让群众、下属的生活过得更好，因此也体现着社会属性和历史属性。作为领导干部，既要为自己负责，更要对社会负责，对历史负责。因此，领导干部威信的建立可以从两方面来考量：一方面，领导干部如何看待财富，如何看待金钱。这衡量着领导干部的人生品格与职业道德。成功人士的一个重要特点就是重视成就，轻金钱；重视精神需要的追求，轻物质利益满足。在对待金钱价值上，领导干部更要重视精神层面的无形价值，树立自我形象，成为群众的口碑。另一方面，权力是领导干部建立威信的重要因素。权力大小影响领导干部威信大小，但拥有权力并不证明个人事业上的成功，重点在于如何看待权力。少数领导干部把拥有权力作为人生目标追求，为获取权力而不择手段，腐败违纪现象不断；有的以权谋私，终受牢狱之灾。权力本身没有过错，但必须避免为了权力以及掌握权力后犯下严重错误。领导干部应当清醒认识到权力是一把双刃剑，既能把个体推向巅峰，也能把人送入地狱。如果不能正确对待权力，必为权力所累。领导干部正确对待权力的态度是树立威信的另一种方式，如果有权，更要尽责，珍惜名誉，树立威信。

三、转变思维方式，避免自寻烦恼

不同的情绪状态对人的身心健康有着不同的影响，良好的情绪有利于建立良好的人际关系，有利于身心健康。从情绪的积极作用来讲，一是积极的情绪反应能使人感受到生活的愉快，热情、快乐、温暖、乐观不仅能给我们带来舒适愉悦的心理感受，而且持有这一情绪的人也有一种健康自得的良好体验。快乐祥和的生活环境所产生的情绪反应能给人以激励，在幽默和笑声中所体验的情绪反应能使人感到生活的乐趣。二是积极的情绪反应能够改变生活中的单调氛围。日常生活中，每个人都会有各种各样的心境，情绪变化就需要有一些积极的因素进行调节，如何使自己快乐和欢畅，就要善于改变自己的情绪反应，灵活而自然地转移自己的心境体验。三是积极的情绪反应有助于个体的工作学习。领导干部工作记忆中最深刻的莫过于那些能使自己激动或引起情绪反应的事件。因此，工作中领导干部应转变思维方式，尽量避免自寻烦恼，积极培养健康情绪，使决策更科学、用人更准确、行动更有效。

1. 远离虚荣和攀比

社会环境是由人与人之间的关系构成的，在生活中，许多压力是由于自己的虚荣和攀比心理造成的。虚荣心是人人都具备的一种心理状态，它源于人的自尊心。我们每个人都有自尊心，当人的自尊心表现出好大喜功、盲目攀比、过分注重别人的眼光时，就会扭曲心态而成为虚荣心。人们都想住漂亮房子、开豪华汽车、消费奢侈品……但正常情况下，人们满足自己的消费需求，取决于自身的经济收入水平，而有攀比心理的人会在脱离自己实际收入水平的情况下盲目购买价格高昂的商品。虚荣心与攀比心都是内心产生浮华的心态，这种消极扭曲的心理夹杂着内心的丑陋。内心虚荣的人也是妒忌心强的人，发现自己在才能、名誉、地位或境遇等方面不如别人而产生的一种由羞愧、愤怒、怨恨等组成的复杂的情绪状态，这就是妒忌心。英国哲学家弗兰西斯·培根（Francis Bacon）有句名言："虚伪的人为智者所轻蔑，愚者所叹服，阿谀者所崇拜，而为自己的虚荣所奴役。"其实幸福不是拥有多少金钱财富，听到多少赞美和夸赞，而是内心舒坦，有着看淡一切的处世态度，保持一颗平常心。老子曰："知足者富"。外在的富足是表面的，只有内在的富足才能够长久。正如一句广告词所说的，人生的旅途不是为了达到终点，而是沿途看风景的心情！

2. **不要过于悲观**

愉快与不愉快、爱与恨、快乐与悲伤总是相伴而生，其间又存在着错综复杂的种种形式。压力的产生很大程度上是因为对事情本身的理解。当我们过分夸大事情的重要性和后果时，会导致心理负担加重。不少人遇到压力事件往往怨天尤人或急于摆脱，反而忘记了对事情本身的思考。德国著名哲学家尼采（Nietzsche）说："受苦的人，没有悲观的权利；失火时，没有怕黑的权利；战场上不怕死的战士才能取得胜利；只有受苦而不悲观的人，才能克服困难，脱离困境。"人的一生中，悲观情绪不可能没有，关键是要击败它、征服它。用乐观的心态看人生，就可以看到“青草池边处处花”“百鸟枝头唱新春”；如果用悲观的态度看人生，则举目皆是“黄梅季节雨连连”。任何困难都有解决办法。如果我们付出足够的勤奋和坚韧的毅力，树立永不服输的斗志，困难总会过去的。

3. 减小情绪情感强度

情绪情感的强度取决于客观事物本身对人所具有的意义。同时，个体的期望值大小与情绪情感的强度也有直接的关系，期望值越高，情绪反应越大，反之则越小。情绪情感的两极性总是相辅相成的，它的存在，对于深入全面了解和认识人的整个心理世界变化有着重要的意义。激动的情绪在表现上往往十分强烈并具有爆发性，存在的时间也较为短暂。有些事如果出现了与自己愿望相反的结果，期待已久的结局突然转变，人常常就无法控制自己剧烈的情绪情感活动，理性思考能力受阻，从而导致各种反常的行为表现。因此，领导干部在工作中要善于转变思维方式，控制过激情绪，避免被情绪牵着鼻子走。

4. 培养美感

心理学研究美感，主要关注的是由美引起的种种愉悦、快乐的心理体验感。当人沉浸于美感时，主要以凝神专注的审美体察为特征，核心为相对纯然的精神愉悦体验。此时，审美知觉、想象、理解和情感等心理功能交相呼应，逐渐展开，人会初步领悟到超越个人的无限本质意味，心理状态渐入佳境，豁然开朗，发自内心地忘却人间忧愁。对于长期处于快节奏生活的竞争背景下的人来说，是情感和精神为结合的人本的觉醒，自然的复归，具有相对持续性和稳定性，能够将人的心理压力彻底“转移”，取而代之。工作生活中，我们认为美好事物带来的积极、信赖、乐观、健康、愉悦的心理体验是美感体验，能激发个体热爱生活、热爱自己事业。美感不仅由客观事物的本质特点所决定，而更重要的是取决于人们对美的需求和审美能力。因此，培养领导干部美好的生活情趣，引导和提高领导干部对美的需求，对于感受美、体验美、追求美尤为重要。

5．做一个有趣味的人

中国当代作家莫言获得诺贝尔文学奖时，一位学者曾表示：跟废除劳动教养制度相比，多少个诺贝尔文学奖也不值一提。这就透露出一种没有文化趣味、生活趣味的政治观。不必凡事都要有用处、有意义，也不必凡事都以政治价值作为衡量的标准。政治的目的，归根结底还是生活，还是人生。一个有着自己丰富生活的人，才会是有底蕴的政治家。相反，一个没有生活趣味的人，一个只有政治的政治家，未免乏味。英国作家奥斯卡·王尔德（Oscar Wilde）曾说："这个世界上好看的脸蛋太多，有趣的灵魂太少。"可见，趣味的灵魂是高贵的！有趣味的灵魂意味着一种高尚、豁达、乐观的精神，只有具备这样的精神和心境，领导干部才能心无旁骛、清正严明地完成为中国人民谋幸福、为中华民族谋复兴的伟大事业。

四、压力的升华，变压力为动力

压力可以把人压垮，但压力也起着积极的推动作用。美国心理学家霍曼（T. Holmes）2005 年运用元分析方法，对过去二十年关于疾病增长的研究进行分析和梳理，发现近 80% 的身体疾病与压力有密切有关联。这些疾病包括心血管疾病、癌症、内分泌和新陈代谢疾病，还有哮喘、高血压、皮肤病等。持续的、过度的压力不仅影响身心健康，还会使工作效率下降，人际关系退步，个人适应能力减弱。因此，对待压力的最佳方法是避免或尽快减轻压力。

在任何时候，个体所拥有的心态在很大程度上会影响形象、自我判断、健康和行为。行为学一项研究显示：酒店的服务员如果将工作看成运动，那么他们的血压、血脂、血糖、身体质量指数、腰臀比都会有明显的下降，身材会变得更健康、更好看。如果酒店服务员将工作看成普通工作，那么他们的身体各项指标没有明显向好趋势，情绪也会因为消极看待工作而变得恶劣。同样，认为奶昔是高卡路里饮料的人喝奶昔时，比认为奶昔是低卡路里的人更容易饱，实验中，那些认为奶昔是高卡路里饮料的人，他们的饥饿诱导激素急剧下降。

领导干部面对压力亦是如此。当领导干部认为有足够资源来应对压力时，他们会将压力看成是挑战。挑战的反应通常与积极的心理和生理结果相联系。在一项研究中，研究者要求参与者重新积极看待压力，认为压力是有帮助的，那么参与者便能回忆起更多可用资源，并且生理反应也回到了正常的状态。相反，如果参与者察觉到缺乏资源来应对压力，那么参与者会体验到一种威胁感，这种威胁感会在短期损害决策能力。所以当领导干部在工作处于高压之下时，要做的不是尽量减少压力或完全消除压力，二者几乎是不可能的。相反，领导干部在面对压力时，目标应是重塑对压力的看法，树立压力有益的心态，突破自我。

案例：

毛毛虫的蜕变

一只毛毛虫看着蝴蝶在花丛中飞舞，非常羡慕地问："我可以和你一样飞翔吗？"

蝴蝶答道："可以，但是，你得做到两点：一、你渴望飞翔；二、你有脱离你那巢穴的勇气。"

毛毛虫问："这是不是意味着死亡？"

蝴蝶说："以毛毛虫来说，你已经死亡；但以蝴蝶来说，你获得了新生。"

蝴蝶生命的深层结构原是毛毛虫，然而毛毛虫对自己将成为一只美丽的蝴蝶并没有意识，所以蜕变竟成了艰苦的折磨，直到羽化成蝶，它才会明白，原来被误认为的灾难是来帮助自己的。

我们只看眼前，看不到未来时，我们只看到了片段，而看不到整体。世界没有错，错的是我们看待它的方式。塞翁失马，焉知非福。只要记得发生任何事情都是一种挑战，一切尽力而为，生活就会变得更美好！

五、信仰的力量

信仰是为了超越，超越一切有限，唯有超越现实的无限才能真正成为弥补人自身局限性的希望，信仰是你的价值所在。习近平总书记说："人民要有信仰，民族才有力量，国家才有希望。"领导干部应该秉承这伟大鲜活的建设祖国的信仰，肩负使命、不忘初心，向更加美好的中国新时代扬帆起航。同时，习近平总书记强调：“领导干部特别是高级干部必须加强自律、慎独慎微，经常对照党章检查自己的言行，加强党性修养，陶冶道德情操，永葆共产党人政治本色。”作为领导干部，应当牢记这些要求，强化自我约束，自觉遵守党内政治生活准则，真正从内心深处坚定共产主义信念。

领导干部要筑牢信仰之基，就要锤炼坚定的理想信念和政治定力，始终在思想上政治上行动上同党中央保持高度一致，做到听党话、跟党走。练就精湛的业务能力本领，明确工作的出发点和落脚点都是为了群众，始终做到“千磨万击还坚劲，任尔东西南北风”。

面对发展中的新挑战，领导干部必须要做改革创新的先行者，升华压力，不断激发闯劲和干劲，以积极进取的心态、奋勇当先的闯劲和干劲，坚持敢闯敢试，不断突破发展瓶颈，努力使自己成为干业务的行家里手、做工作的多面手。是一种勇敢者的气质，更是一种探索者的勇气。

没有理论上的清醒，就没有政治上的坚定。习近平总书记反复强调：“要炼就‘金刚不坏之身’，必须用科学理论武装头脑，不断培植我们的精神家园。”少数领导干部之所以出现理想信念动摇，首要原因是不重视学习、思想防线失守、信仰信念缺失。这告诫我们，无论职位高低、岗位差异、环境不同，都应加强理论武装，始终用学习和实践坚定理想信念。

崇高信仰、坚定信念不是与生俱来的，也不会一劳永逸，需要领导干部有“脱胎换骨”的勇气，需要在长期的学习、工作和生活中历经艰苦锤炼。只有到实践中去、到群众中去、到改革创新一线去、到艰苦复杂环境中去，苦干实干，勇于担当，变压力为动力，才能练就坚强的意志品质，不断坚定自己的崇高追求和理想信念。作为党的领导干部，要坚持从服务党的事业的大局出发，坚持把理想信念化作勤奋工作的自觉行动，转变思维方式，爱岗敬业，忠于职守，尽职尽责，积极做好自己的本职工作，把共产主义远大理想内化为精神动力，激发个人动能，全力履行自己的义务。正所谓“在其位、谋其政、尽其责”。

1. 工作中信仰的力量

在日常工作中，领导干部对待工作有这样几种态度：少数领导干部把工作看成饭碗；部分领导干部把工作看成职业；还有一些领导干部把工作看成事业；最高境界的领导干部是把工作当作信仰。

少数领导干部把工作看成饭碗，就存在“这碗饭好不好吃”“这碗饭值得不值得吃”的问题。在这些领导干部看来，工作就是为了解决最基本的吃、穿、住、行问题。于是，群众看到少数领导干部不珍惜工作机会，玩忽职守，对本职工作不认真负责，未依照规定履行职务，致使群众、单位造成损失。

部分领导干部把工作看成职业，这就需要领导干部具备一技之长，能做好本职工作。所以这部分领导干部会在工作初期不断提高自己，不管是知识还是能力，都会有较快提升。但把工作当成职业也存在着很多问题，比如领导干部发现自己的能力可以胜任工作需要时，容易不思进取，事业心逐渐淡化，安于现状，工作中就会缺乏工匠精神。把工作当作职业的领导干部中，有一些人对工作的付出往往从得到多少出发，会根据自己得到多少来决定付出多少。当发现付出多而得到少的时候，其上进心往往消失，甚至觉得自己的努力只要对得住薪水即可，多做一点都是多余，是不情愿的。

还有一些领导干部把工作看成事业，这就需要一定的精神境界。在这些领导干部看来，人生就需要奋斗，就需要有所贡献。所以他们会把工作作为一生的追求，通过工作来实现自身价值。把工作看成事业，这样的领导干部在工作中不管有多艰难，都不会找借口，而总是千方百计地努力把工作做好。这样的领导干部不会斤斤计较一时得失，不会耿耿于怀收入与付出。同时，他们会利用时间来学习，不仅仅是在知识方面，也会在思想品德、专业技能等各个方面不断提高自己。把工作看成事业，最重要的就在于自觉，自觉地把工作看作责任，主动作为、勇于负责、敢于担当，始终保持积极向上的心态，在寂寞中砥砺品质，在艰辛中增长才干。

把工作当作信仰，是大师级别最高的工作境界。信仰是一种高级的精神活动，个体有了信仰，就有了精神寄托，有了行动指南。领导干部把工作当作信仰，就是把共产主义事业作为自己的信仰，跟着组织走，爱岗敬业，乐于奉献。面对十分繁重的工作任务、层出不穷的新情况新问题，作为领导干部应充满激情，不仅不折不扣地完成工作任务，更要有敢闯敢试、敢为人先的精神和气魄，大胆创新，勇于突破，用一流的业绩成就干部队伍敢打敢拼、勇于变革的良好形象，在创新发展中提升组织工作的层次和水平。

一个人的信仰决定了他生命的内涵、包括长短，活着的方式，甚至结束的方式。领导干部有了正确而坚定的理想信念，就有了不竭的精神支柱。中国革命取得成功，正是因为抱着坚定的共产主义信仰，坚持全心全意为人民服务的政治宗旨以及坚持严格的政治纪律。中国共产党从一个50多人的政党逐步发展壮大，历经艰苦卓绝的斗争，取得新民主主义革命的胜利。

截至2019年12月31日，中国共产党拥有468万多个基层党组织、9191万多名党员，靠的就是敢于牺牲、敢于拼搏。党的十九大的胜利召开，确定了习近平新时代中国特色社会主义思想，确立了中国发展新的历史方位，意味着中华民族迎来了从站起来、富起来到强起来的伟大飞跃。坚持把人民对美好生活的向往作为奋斗目标，让发展成果更多更公平惠及全体人民，这应成为一名共产党员领导干部终身的信仰。

2. **民族信仰的力量**

《论语·颜渊》第十二之第七“子贡问政”中有这样一个小故事：

> 子曰：“足食，足兵，民信之矣。”子贡曰：“必不得已而去，于斯三者何先?”曰：“去兵。”子贡曰：“必不得已而去，于斯二者何先?”曰：“去食。自古皆有死，民无信不立。”

“民无信不立”，在圣人孔子看来，信仰、信誉、信念是最重要的。国家可以不发展军备，人民可以忍饥挨饿，但不能把信仰丢掉。信仰的荒漠，立不起一个伟大的民族。今天，我们还能清晰感觉到这句话的分量。一个民族的崛起复兴，常常以民族文化的复兴和民族精神的崛起为先导；一个民族的衰落覆灭，往往以民族文化的颓废和民族精神的萎靡为先兆。中华民族的伟大复兴，要在现代化的艰难进程中实现，现代化则要靠全民族的坚实信仰来支撑和推动。[①]

---

① 叶小文：《谈谈“信仰”与“共产主义信仰”》，《中国青年报》2015年10月19日。

案例：

焦裕禄的干部信仰

焦裕禄出生于山东省博山县崮山乡北崮山村的一个贫苦家庭，7岁上学，学习刻苦认真，考试成绩总在前几名。11岁时家乡遭遇灾荒，他被迫退学。焦裕禄退学后，除了在家种地外，农闲时也做点小生意维持生活，主要卖菜卖油，在古山桥卖锅饼，跟随乡亲推着独轮小车运煤卖煤，还到煤窑做工。

1939年，焦裕禄的父亲在抗日战争中被日军逼死，焦裕禄本人也被掳去辽宁抚顺做苦工。1941年，焦裕禄设法逃出，流落至江苏宿迁。随后，焦裕禄逃荒到宿迁县城东15里（1里=500米）双茶棚村，给地主胡泰荣家当了两年雇工，住在地主一头是猪窝、一头是牛草的小棚里。

1945年抗日战争胜利后，焦裕禄从宿迁县回到自己的家乡。当时他的家乡虽然还没有解放，但是共产党已经在这里领导群众进行革命活动，焦裕禄主动要求当民兵。当上民兵后，他参加过解放博山县城的战斗。不久，他又正式参加了本县区武装部的工作，在当地领导民兵，坚持游击战争。以后又调到山东渤海地区参加土地改革复查工作，曾担任组长。

1962年冬，正是豫东兰考县遭受内涝、风沙、盐碱“三害”最严重的时候。这一年，春天风沙打毁了20万亩（1亩≈666.67平方米，下同）麦子，秋天淹坏了30多万亩庄稼，盐碱地上有10万亩禾苗碱死，全县的粮食产量下降到了历史的最低水平。就是在这样的关口，党派焦裕禄来到了兰考。展现在焦裕禄面前的兰考大地，是一幅严重的灾荒的景象，横贯全境的两条黄河故道，是一眼看不到边的黄沙；片片内涝的洼窝里，结着青色的冰凌；白茫茫的盐碱地上，枯草在寒风中抖动。重重的困难，像一副沉重的担子，压在这位新到任的县委书记的双肩。但是，焦裕禄是带着《毛泽东选集》来的，是怀着改变兰考灾区面貌的坚定决心来的。在这个贫农出身的共产党员看来，这里有36万勤劳的人民，有烈士们流血牺牲解放出来的90多万亩土地。只要加强党的领导，一时就算有天大的艰难，也一定能杀出条路来。第二天，当大家知道焦裕禄是新来的县委书记时，他已经下乡去了。

通过一年的艰苦奋战，兰考的除“三害”工作取得了明显的成效。正当他带领着兰考人民与涝、沙、碱作斗争胜利前进的时候，焦裕禄的肝病越来越严重了。很多人发现，无论开会、作报告，他经常把右脚踩在椅子上，用右膝顶住肝部。他棉袄上的第二和第三个扣子是不扣的，左手经常揣在怀里。人们留心观察，原来他越来越多地用左手按着时时作痛的肝部，或者用一根硬东西顶在右边的靠椅上。日子久了，他办公坐的藤椅上，右边被顶出了一个大窟窿。他对自己的病，是从来不在意的。同志们问起来，他才说他对肝痛采取了一种压迫止痛法。县委的同志们劝他疗养，他笑着说：“病是个欺软怕硬的东西，你压住他，他就不欺侮你了。”焦裕禄暗中忍受了多大痛苦，连他的亲人也不清楚。他是全心全意投到改变兰考面貌的斗争中去了。

焦裕禄临终前曾说：“我死后只有一个要求，要求党组织把我运回兰考，埋在沙滩上。活着我没有治好沙丘，死了也要看着你们把沙丘治好！”兰考县的干部群众在焦裕禄精神的鼓舞下，兰考三害“内涝、风沙、盐碱”得到有效治理。多年来，兰考的党和政府抱定“一张蓝图画到底”的决心，领导人民改天换地。焦裕禄用生命绘制的那张蓝图，今天已经成为兰考大地的现实。

1990 年 7 月 15 日，时任福州市委书记的习近平正读着一篇《人民呼唤焦裕禄》的文章，思绪如潮，夜不能寐，满怀深情地写下词作《念奴娇·追思焦裕禄》。诗句中，能够直观地看到习近平总书记的政治品格和信仰轨迹。

念奴娇·追思焦裕禄

中夜，读《人民呼唤焦裕禄》一文，是时霁月如银，文思萦系……

魂飞万里，盼归来，此水此山此地。百姓谁不爱好官？把泪焦桐成雨。生也沙丘，死也沙丘，父老生死系。暮雪朝霜，毋改英雄意气！

依然月明如昔，思君夜夜，肝胆长如洗。路漫漫其修远矣，两袖清风来去。为官一任，造福一方，遂了平生意。绿我涓滴，会它千顷澄碧。

习近平强调：“焦裕禄同志是县委书记的榜样，也是全党的榜样。无论过去、现在还是将来，都永远是亿万人们心中一座永不磨灭的丰碑，永远是鼓舞我们艰苦奋斗、执政为民的强大思想动力，永远是激励我们求真务实、开拓进取的宝贵精神财富，永远不会过时。”正是拥有一心为革命、一心为群众的高贵品德，焦裕禄精神已化为宝贵的精神财富，成为推动着领导干部自力更生、奋发图强的目标信仰。

第八章

领导干部的行动解压

根据社会学原理，领导干部的行动随着社会的发展而逐步扩大发展，具有无限丰富的趋势。当外部条件发生变化，领导干部在从事领导活动中用行动不断启动推进领导活动。行动不仅是领导干部行为运用的能力，也是一种领导干部内在成长因素。

领导干部的领导行为更多的要制约于社会公众的认同和需要。社会需要会提出满足其需要的领导任务，既定的领导任务将会激发特定领导主体的领导意识，产生领导责任感、使命感，进而驱动领导行为导向既定目标，以实现领导任务。领导干部的行动动机，主要来源于自身的成就需要，表现为领导干部希望以胜人一筹的胆识和才能，组织带领下属群体进行创造性活动，实现群体组织的奋斗目标，为社会贡献物质、精神上的财富，赢得威信、自尊。这些领导干部往往表现出强烈的事业心和责任感，而且很少被外在压力所左右。因此，领导干部的行动能力是缓解压力的重要源泉。

一、时间管理与压力应对

时间管理（Time Management），就是用经验技巧、技术手段和助理工具帮助个体完成工作，实现目标。时间管理并不是完全的掌控，不是要把所有事情统筹完成，而是降低变动性，更有效、更针对性地运用时间。时间管理的最重要功能是透过事先的规划，为个体创造提醒与指引的可能，除了要决定什么事情该做、什么事情不应该做之外，还应计划什么事先做、什么事后做。

有些领导干部总觉得时间不够用，常穷于应付他人的要求，而没有多余的时间从事自己喜欢的活动、私人交际或是享受充分的休息；而有些领导干部则是虚度时光，导致该完成的事情没法如期完成，也增加了一些原本可以避免的压力。究其原因，可能就是缺乏有效的时间管理。每个人同样都是一天24小时，但是有些领导干部没时间或时间不够用；有些领导干部则是忙归忙，但还是有充裕的时间学习充电、听音乐、与朋友聚餐，可以忙里偷闲，同时也能高效率地完成很多事情。为何会有如此大的差别？关键就在于是否善用时间。

想想看我们的一天通常是怎样度过的？我们可以试着将一天中每一个小时所做之事详细列出，成为一张“小时记录”，回顾一下从起床到睡觉都做了哪些事情，所从事的每件事情花了多少时间。例如，你也许花了6个小时工作，3个小时与同事聊天，3个小时看手机，2个小时看电视，1个小时打电话，再除掉吃饭、睡觉、洗漱的时间……从记录来看，似乎没有时间看书提高，也没有时间回顾工作问题。从记录中，可以更加清晰地看到自己时间的使用情况，看出实际有效与无效的时间运用情况。接下来，评估这样的分配使用是否合理。仔细回顾一下，也许会发现，常常花太多时间在一些琐事上，如做白日梦、杞人忧天、无效沟通等。结果工作来不及完成，计划形同虚设，无法执行。如果不是理想状态，就需要做些调整改变。

1. 时间管理技巧

灵活安排工作日程。首先，应设定工作目标。设定目标的原则是：完整、具体、可行、合理，清晰工作期待与需要，清楚主要目标，再拟出长期计划与短期计划，订出适当的完成期限，如此一来工作将变得充实而有次序。其次，确定工作计划后，将要完成的工作排好先后顺序，把重心放在紧迫的、最重要的、需要优先处理的工作上，拟订工作行程，再将一些无关紧要的工作安排在时间空隙中，以便充分利用时间。此外，还应该预留一些弹性时间，以备应对突发状况。既要灵活，又要系统安排工作日程。从总体上布局工作，也要在各个体系上系统安排，不能“上下一般粗”。

工作中要事第一。在具体负责的工作事项中，必定有重要又紧急、重要但不紧急、紧急但不重要、不紧急不重要的工作之分，这就是关于时间管理的“四象限法则”。如表 8－1 所示，我们可以将自己一天中要做的事情区分归类，然后根据轻重缓急制订出合理的工作计划。

表 8－1　“四象限法则”工作计划表

重要又紧急的工作——优先解决 1. 2. 3.	重要但不紧急的工作——制订计划去完成 1. 2. 3.
紧急但不重要的工作——有空去完成 1. 2. 3.	不紧急不重要的工作——交给下属执行 1. 2. 3.

重要又紧急的工作，常出现在各种突发危机、公众事件中，其危害严重，影响深远。如果领导干部不及时在某个时间范围内处理，那么后果很严重。对于紧迫的突发事件，领导干部需第一时间掌握情况、及时决策、快速应对、发布信息，争

取在最短时间内控制并平息事态。如果反应迟钝、优柔寡断，就会丧失处理良机，可能造成险象环生、岌岌可危的被动局面，甚至进一步引发新的复杂情况。特别是已经引发高度关注或者可能引发高度关注的突发事件，应当在第一时间进入现场、做出决策，在快速掌握基本状况的前提下，尽早发布信息，尽量客观描述，少用定性语言。危机处置、应急管理能力是衡量领导干部工作能力强弱的直接指标之一，但处理这类工作会让领导干部时刻有压力感。如果此类事情做得过多，会使人心力交瘁。

重要但不紧急的工作，常常在领导干部管方向、谋全局、抓重点、攻难点时遇到，解决好这类工作不紧急，但很重要，必须重点去做。如果没有做好重要但不紧急的工作，重要工作一旦出现拖延，必然导致整个工作进度的延期，容易使该项工作转化为重要又紧急的工作，使领导干部陷入更多的压力，在危机中疲于应付。因此，科学的工作方法、丰富的实践经验尤为重要，是新时代党的干部工作的“导航仪”和“指南针”。新形势下，领导干部在工作中各类难题交织叠加，要认清形势，分清工作重点，同时保持定力，把握规律，坚定信心，在开展重要民生工作时攻坚破难，加快转型升级，在坚守底线中推动高质量发展，真正以真抓实干赢得民心，以发展成效塑形象。

紧急但不重要的工作，这类工作的发生具有一定“欺骗性”。比如造成干扰的事、电话、信件、报告、会议等，很多领导干部在这类工作上有误区，认为紧急的工作都显得重要。然而看似是迫在眉睫的急事，其实是符合别人期望的事情。这些不重要的工作因为它的急迫性，会占据领导干部很多的宝贵时间。因此，领导干部在工作中要学会权衡，合理分配时间。

不紧急不重要的工作，多是一些忙碌琐碎的工作，比如广告函件、电话、逃避性活动等，没有时间的紧迫性，没有任何重要性。这类工作与时间的结合纯粹是在扼杀时间，浪费生命。因此，对这类既浪费时间，又无实际意义的工作，应尽量交给别人去完成。

2. **保持适度的压力水平**

心理学研究表明，人的成就动机的强弱高低，不仅取决于个人的主观因素，同时也受到外部客观因素的影响。领导干部在进入角色活动之前，一般都有“为官一任，造福一方百姓”的良好愿望；领导干部在进入角色活动之后，还应根据自身素质和外部客观条件的许可程度，确立一个合理、合适的压力水平。工作压力水平过高或过低都会造成不良后果。如果工作中压力过高，又急于有所建树和现实政绩，一方面会导致工作负担过重，工作责任过大，疲劳、焦虑、压抑及工作能力下降，甚至发展为精疲力竭症，成为“压倒骆驼的最后一根稻草”；另一方面容易使自己把主要精力放在最能显露政绩的方面，而不是从本地区、本单位的实际情况和长远利益出发，踏踏实实为群众办实事、做好事，发展到严重程度，或是为追求高标准、高速度而虚报浮夸、弄虚作假、骗取荣誉，或是以牺牲本地区、本单位利益为代价，为自己加官晋爵捞取资本，有的甚至偏离党的路线方针，置党纪国法于不顾，给党的事业造成损失。一旦这种过高的成就动机得不到实现，或者这种所谓的“政绩”得不到承认，便会产生心理挫折。有的领导干部甚至一蹶不振，消沉下去。而如果工作中压力过低，就容易使领导干部缺乏应有的进取精神，表现为因循守旧、墨守成规、安于现状、无所作为。可见，工作压力既不能过度，也不要不及。

3. 树立压力有益心态

压力心态源自一种压力会导致积极或消极后果的信念，这一信念会强烈影响领导干部的心理、生理和行为的结果。虽然慢性压力对健康有害，但有些压力也会帮助提升免疫力，使身体恢复健康。具备压力有益心态的领导干部能够更积极地寻求反馈，并在应激时释放出更多的皮质醇，使其能够在压力下维持正常的身体机能。同时，从组织层面上，要确立合乎时代精神和社会规范的价值标准，并通过舆论宣传、典型示范等多种形式，对符合这一标准的追求成功的领导干部行为给予积极的评价、肯定、支持，从而促进领导干部产生积极进取的情感体验，自觉提高抱负水平，激发出更高的成就动机。

4. 提升自我管理

在学习提升上，领导干部应遵从快慢结合的原则。即学习基础知识的时候要慢，如果错过基础知识学习，等于走错了方向。而在学习技巧的时候要快，因为技巧是通过他人提炼而来的。学得快，技巧看得多，找出有用的、相似的技巧，这样才能为己所用。

在生活上，领导干部该遵从不偷懒的原则。生活上不怕大事小事，只怕懒事。懒是一种最不可取的坏习惯，可以接受困难、障碍，但万万不能懒。一旦习惯偷懒，就失去积极主动，丧失好奇心，失去主动权，会释放出更多负面情绪。

在心理素质上，有的领导干部工作积极进取，能够开拓创新，面对工作中的挫折和失败毫不气馁，但有时会因感情上一点波折而导致心理失衡，甚至一蹶不振。所以，领导干部对待时间管理与压力应对时，应保持一种平和的心态，结合角色活动和社会实践加强个性修养，在自我教育、自我调节和自我完善过程中，不断健全心理素质，始终保持清醒的自我意识，稳定情绪，为领导活动的成功打下良好的心理基础。

二、改善生活方式，合理搭配饮食

中国国学大师南怀瑾曾说，人生的最高境界是“佛为心，道为骨，儒为表，大度看世界；技在手，能在身，思在脑，从容过生活”。心理咨询中有个现象，来访者都希望通过心理咨询改变自我，尤其是以领导干部为主体的中年人，其工作压力大、紧张度高、生活节奏快，因长期处于精神高度紧张状态，且得不到应有的调适，会使其身心过度疲劳。久而久之，必然会导致焦虑不安、抑郁症、精神障碍等心理问题和疾病。而其中大多数人都会遇到同一个问题：太想在短期内看到改变。这种想法可以理解，每一个下定决心求助于心理咨询的个体都在承受着压力痛苦。但大部分个体很难意识到，日常承受的压力和痛苦大多数是因为不当的生活方式，合理地改善生活方式，哪怕只是一点点改变，也可以为后续的努力提供动力。

很多领导干部都曾经或者正在面临一种疲于偿还旧债、缺少现实激励的困境。要摆脱这样的困境，需树立一种对个人生活负责的意识，用心经营自己的生活，不仅要经受住以往自我放逐带来的损失，更要在快节奏的工作生活中开辟出一个具有长线增长的新模式。这样的生活并不轻松，但这也是生活的常态。每个个体都有缺点，生活总是磕磕绊绊，所以要不断优化生活方式，改造自己，改造生活。

1. 正确的价值取向

领导干部的成就动机与其已经形成的价值取向有密切关系。积极的人生要学会做减法。对于不能成功、不可获得、不可复制的事物，要看轻看透。否则，就会自寻烦恼，给自己套上枷锁。明代哲学家王阳明曾说："吾辈用功，只求日减，不求日增。减得一分人欲，便是复得一分天理，何等轻快洒脱，何等简易！"

在需要与可能、理想与现实、个人与社会、奉献与索取的心理冲突中，具有不同价值导向的领导干部会做出不同选择。思想境界和道德情操高尚的领导干部常常将个人成就动机建立在符合社会发展、符合人类进步需要的基础上，以其顽强的意志和惊人的毅力去探索真理，追求成功。古今中外，许多杰出人士和有识之士为了人类进步和社会发展而奉献毕生精力，甚至是宝贵生命。例如在执行军事任务中英勇负伤，失去右臂，入伍30多年来，牢记使命，献身国防，以伤残之躯续写人生辉煌篇章的丁晓兵同志；又如地震中痛失5位亲人后，擦干眼泪，默记誓言，带领全村百姓夺得抗震救灾胜利的村党支部书记达吾提·阿西木同志。正是这种高尚的价值取向与强烈的干部职责有机结合，激励和鼓舞了一代又一代人。相反，那些心胸狭窄和私欲膨胀的领导干部，往往把工作成就建立在极端个人主义基础上，片面追求自我价值实现，甚至以权谋私、徇私枉法。因此，树立正确的价值取向至关重要。

2. 养成良好的生活习惯

第一，吃好早餐。老百姓中一直就有"早餐吃好、午餐吃饱、晚餐吃少"的说法，但由于领导干部早上时间最为紧张，常常来不及吃早餐。据不完全统计，有1/4的人经常不吃早餐，很少人会在意由此产生的不良后果，或认为只有暂时的副作用。

2013 年 7 月 22 日发表在《循环》杂志上的美国哈佛大学的一项研究显示：与早餐吃饭的人群相比，不吃早餐的男性患心脏病的概率要高出 27%。尽管还没有找到确切原因，但研究人员认为可能与压力大、新陈代谢变化以及血糖、体重等因素有关，而这些亚健康症状都会因为没有吃早餐而引起。

2016 年中国疾病预防控制中心发布的最新中国居民早餐状况调查数据显示，早餐营养不充足的比例在 80% 以上，不吃早餐、随意吃早餐的情况司空见惯。长期不吃早餐，会增加肥胖、高血脂症和糖尿病的患病风险，让胃病、胆结石等疾病缠身，还会影响认知能力、学习成绩和脑力工作能力，容易加速衰老。

美国疾病控制与预防中心（Center For Disease Control And Prevention，CDCP）的关于学校健康计划指南中指出，不吃早餐会对学龄儿童解决问题的能力产生负面影响。吃早餐的学生在标准化测试考试中得分更高。另一项研究中，将 12 ~ 15 岁的青少年分成两组试验，其中一组吃早餐，另一组不吃早餐。结果显示，在视觉认知测试中，吃早餐的一组表现出了更高的准确性。

这些研究数据表明，不吃早餐的损害非常大。一般而言，上午是工作量最大、用脑最多的时候，如果大脑需要的能量得不到供应，长期下去会影响工作的开展，甚至会影响身体脏器。而吃早餐的人往往有更健康的生活习惯，同时有利于保持头脑清醒，提高工作效率。

第二，科学用脑。大脑是中枢神经系统的最高级部分，是长期进化过程中发展起来的思维和意识的器官。在日常工作生活中，我们都需要大脑来处理各种信息。个体在运用大脑时，每思考一个问题就会在大脑皮层上留下一个兴奋点，思考的问题越多，留下的兴奋点越多，最后由许许多多的兴奋点组成网络。遇到新问题时，只要触动一点，就会牵动整个网络，再运用掌握的知识，问题就可以迎刃而解了。这就是我们常说的“融会贯通”“闻一知十”。

英国神经生理学家塞利斯（Celis）和米勒（Miller）经过研究证明：大脑训练越少，衰老越快；用脑越多，脑细胞衰老越慢。脑子越用越灵。所以在实践中，要多给大脑创造思考的机会，加强大脑的思维训练，这不但能提高效率，还使脑细胞充满活力。

大脑每天有四个记忆高峰期。第一个记忆高峰期是早晨起床后。大脑在睡眠过程中并没有停止工作，而是对上一天输入的信息进行编码整理。早晨醒来后没有新的干扰信息，在该时段记东西会印象清晰。第二个记忆高峰期是在上午 8 时到 10 时。该时段个体精力上升到旺盛期，处理识记效率高，记忆量增大，可以充分利用该时段工作学习。第三个记忆高峰期是在下午 6 时到 8 时。这是一天中记忆最佳期，可利用该时段反馈全天工作。第四个记忆高峰期是临睡前一小时左右。在该时段识记材料后入睡，不再有新信息输入，没有相互抑制的影响。另外，研究者还发现，上午 8 时大脑具有严谨周密的逻辑思考能力，下午 2 时思考能力最敏捷，而推理能力则在白天 12 小时内逐步递减。根据这些监测数据，领导干部最好在早晨安排些严谨周密的工作，下午安排一些需要快速完成的工作，晚上则安排一些需要加深记忆的工作。如此各种活动互相轮换，一方面可以使易疲劳的左大脑皮层的各个区域轮流得到休息，另一方面可以保证大脑皮层的工作效率。值得注意的是，美国加利福尼亚大学（University of California）的神经科学家肖恩(Shawn）认为：“如果连续21小时不睡，你的工作和学习能力和一个酒鬼没什么两样。”因此，在持续长期用脑的时候，就应该休息。这时如仍坚持用脑，不仅效率低下，而且容易造成大脑的损伤。马克思在写《资本论》时，常常借助读外文和演算数学题来驱散疲劳，以作休息。因此，领导干部在紧张工作之余，可以通过转换一下活动来消除脑疲劳，如阅读课外书籍、听音乐等，使疲劳的脑区得以喘息，合理地运用大脑潜力，从而提高工作效率。

3. **合理搭配饮食**

澳大利亚国立大学（Australian National University）老龄化、健康与福利研究中心的尼古拉斯·谢尔比安（Nicholas Cherbuin）教授在一份公报中认为：“大脑健康退化可能比此前认为的要早得多，这很大程度上是由于现代社会促使人们选择了不健康的生活方式。”新华社记者在采访澳大利亚国立大学时，该校一项研究表示：现代社会个体平均每天摄入热量显著多于20世纪70年代，相当于每天多吃一顿汉堡套餐。这种不健康饮食会使大脑功能退化，并与2型糖尿病发病相关。该研究团队回顾了约200项国际研究成果，并跟踪调查超过7000人的大脑健康及衰老状况，发表在新一期《神经内分泌学前沿》杂志上的调查报告说，全球约30%的成年人超重或肥胖，到2030年将有超过10%的成年人罹患2型糖尿病。研究还发现，与20世纪70年代比，现今人们平均每天多消耗热量约650千卡，这相当于一个汉堡、一份薯条和一杯软饮料组成的一套标准快餐，多出的热量意味着许多人饮食不够健康。[①]

尼古拉斯·谢尔比安在采访中认为："调查发现，多数人60岁后才会获得有关如何降低脑部疾病风险的建议，但这通常为时已晚。"他强调，人过中年后所遭受到的健康损害几乎不可逆转，所以避免脑部健康出问题的最佳方式是从年轻时就健康饮食并坚持运动。他还呼吁各国政府和医疗专业人员发挥作用，减少人们不健康饮食的发生。因此，对领导干部而言，科学营养的饮食至关重要。新浪健康栏目从营养学的角度对国家领导人的健康食谱进行研究分析，总结得出的"领导食谱"对于领导干部健康饮食具有借鉴意义。

第一，领导餐的烹饪方法。烹饪方法以蒸、煮、焖、拌、氽为主。选择这些烹饪方法自然是为了减少营养流失，保证低脂饮食。但领导的食谱中也并非完全没有炸和炒。每星期也能吃上一次，因为这样做的菜好吃。不管何种烹饪方法，低盐、低脂、高膳食纤维是食谱中必须遵守的原则。

第二，吃粗粮类怎么选择。领导的食谱更多是粗粮。现在饮食单一，一般都是白面、大米，很少食用杂粮，使得人体热量增加，也是癌的发生诱因之一。现代人吃饭不注重饮食搭配，摄入的菜类和脂肪太多。其实一个人每天需要摄入200克米饭，如果能增加一些粗粮的摄入，对身体会更好。盲目地光吃菜、少吃或不吃饭也是违背营养学原理的。

第三，吃肉类"腿"越少越好。从营养学来说，四条腿的

---

① 白旭、姜晨怡：《澳研究说不健康饮食可引发脑功能退化》，2019年6月17日新华网 http://www.xinhuanet.com/food/2019-06/17/c_1124631856.htm

（猪、牛、羊）不如两条腿的（鸡、鹅），两条腿的不如一条腿的（菌类），一条腿的不如没有腿的（鱼）。就秋冬季而言，适合吃些牛肉、羊肉进行“热补”，或鸡肉、兔肉等低脂高蛋白质的食物；在蔬菜中，根茎类蔬菜如白萝卜、百合、芋头等则适合冬天食用。此外，还要多吃黑色食物，如黑芝麻、黑米、紫菜、木耳等。①

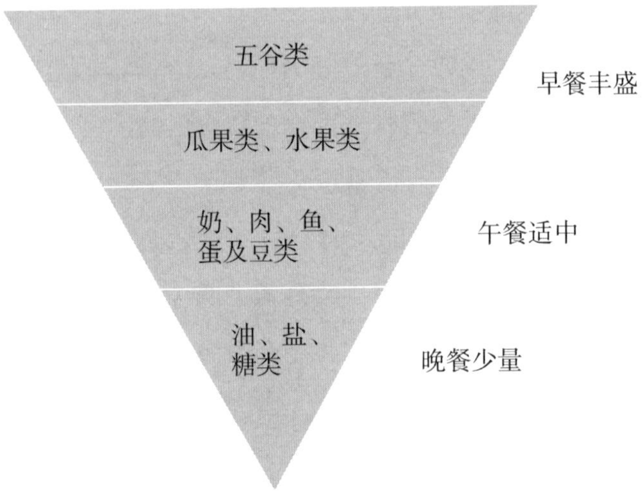

图 8－1　倒金字塔饮食示意图

三、改变办公环境，促进良好心情

一般来说，办公室面临的社会环境是难以进行影响和改进的。通常所说的办公环境的优化和改变主要针对工作环境而

---

① 王清：《揭秘领导人长寿饮食秘诀》，《新浪健康》2014 年第 11 期康锐话题。

言。良好的工作条件和完备的后勤保障使领导干部精神愉快，无后顾之忧，有利于组织成员全身心地投入工作事业之中，激发成就动机，发挥聪明才智，健康而迅速地成长。所以，为创造更健康的工作环境，领导干部有责任改善组织机构成员所处的大环境和办公室微环境，努力创造和谐的办公人际关系。

1. 改善组织环境

管理学大师彼得·德鲁克（Peter F. Drucker）认为，在知识社会，管理者并不是简单的权力代名词，每个人某种程度上都有“管理者”的属性。管理也不是天才的专属，相反，管理的至高境界是“让平凡的人也能做出不平凡的事”。许多讨论管理发展的书中，常把管理者写得无所不能：作为领导者应该具有分析能力与决策能力；善于同他人共事，了解权力的关系；擅长数学，同时又有艺术的修养……简直是文武全才，样样精通。而这样的人才，实在少之又少。大概率情况下，领导者只能在某一方面比较优秀。因此，作为领导干部必须学会建立组织环境的正确方式，尽可能改善组织环境。

组织环境是组织生存的土壤，作为领导干部内部管理的一部分，既为组织活动提供条件，同时也必然对组织的活动起制约作用，组织成员开展工作活动必然要在组织环境中开展，进而转化为服务于社会和组织的各种效能。组织环境的好坏对组织成员的工作安全、工作心理和行为以及工作效率有极大的影响。因此，领导干部要在制度和机制上革除陋习，在人事工作中实行公开、公平的竞争，从而促使组织成员在竞争中激发成就动机，显示潜能，脱颖而出，在工作中不断成长和发展。

2. 改善职能环境

组织的职能环境，指组织内部的机构设置、目标划分和运行情况，同时包括人际关系和工作方法等因素。领导干部在履行自己的职能中必然要与组织中其他成员、机构发生各种各样的联系。领导干部管理活动的正确履行，不仅取决于其他机构的支持和配合，还取决于组织内部机构是否合理、各种制度是否完善，这些最终关系到组织内部管理的状况。由此可见，良好的职能环境是领导干部工作成功的决定性因素。虽然说，领导干部是推动组织发展的决定力量，但仅凭领导干部个人能力，很难推动组织发展。领导干部在依靠个人力量的同时，更应发挥组织职能作用，推动组织前进。

现代领导方式的变化，要求领导干部从“主角”的身份向“配角”转化。习近平总书记在汶川县映秀镇考察时，一位村民对他说：“您是人民的好领袖。”他回答：“我是人民的勤务员。”这一问一答间，反映的却是作为国家领导人的一次角色转换。

领导干部不同于一般党员干部，领导干部既是人民的公仆、人民的勤务员，又是各项事业改革发展的“领头雁”“火车头”，这表明领导干部身兼两种身份，而这两种角色在转换中往往存在冲突。这就要求各级领导干部处理好领导角色与公仆角色之间的冲突，善于在“主角”与“配角”之间转换自如。这考验着领导干部的角色转换能力。缺乏角色转换能力，领导干部将为官僚主义所侵蚀，将难以密切联系群众，干事创业的有效性、认可度也将大打折扣。在角色转换过程中，领导干部要端正“角色观”，注重“主角”与“配角”的有机结合，处理好“主角”与“配角”的辩证关系。[①] 拿破仑·波拿巴说过：“一只狮子率领一群绵羊的队伍，可以打败一只绵羊带领一群狮子的队伍。”这正是对改善组织职能环境，整合组织资源，开展领导工作，组建优秀团队，实施统筹领导的完美诠释。

3. **改善工作环境**

对组织成员来说，每周几乎有40多个小时在办公室，占据了生活相当大的部分。对领导干部来说，平常能够直接影响并在工作中加以选择、改进和优化的就是组织工作的硬环境和软环境。

随着领导干部在组织中的地位和经验的不断积累，可以对办公室的职能环境加以改进。为了尽可能地减轻组织成员精神疲劳，获得较高的办公效率，可以恰当地把握办公场地、设备、光线、声音和温度等环境因素，优化工作硬环境，使组织成员获得最佳的工作状态。

同时，领导干部要积极搭建组织成员成长平台，优化组织政策制度的软环境。日本经济学家松本顺认为：“现代企业中，经营者和员工之间必须建立崭新的家族经营关系。经营者要把员工当成自家人一般，所谓自家人，并不意味着娇宠和照顾，相反，要像父母纠正子女的错误一样，关心职工的成长，一发现缺点就毫不留情地指出来，并把他们的潜力引导到正路上去。”

在改善工作软环境方面，日本的伊藤四日堂就是一个出色

---

① 钱振华：《新时代领导干部要善于“角色转换”》，《领导科学报》2018年9月26日。

的实例。这家公司以经营超级市场为主，公司店员精通商品知识，而且服务周到，深得顾客满意。伊藤社长谈他如何管理店员的经验时说："本公司80%的员工是未婚女青年，我认为公司受她们家长的重托，承担了培养和教育的责任。所以，从公司立场来说，绝不能让她们成为连招呼也不打的小姐回到父母身边，或者连东西也不会买的小姐嫁到未来的丈夫处去。基于这个缘故，公司对她们要求十分严格，在商品知识的教育方面，也花了很大一笔开支。我常常告诫她们：学会当一名合格的店员，不仅为了顾客，为了公司，尤其是为了你们自己。"这位日本老板真正做到了"攻心为上"。他不是只从公司角度出发，更重要的是从女店员自身的成长出发来教育培养她们。领导干部管理亦然。领导干部为下属成员前途着想，下属成员自然会怀着感激之情，从而积极主动地为组织发展着想。

领导干部要关心下属成员，更要为下属成员在事业上的发展着想，除了要营造舒适的下属成员工作、成长发展空间，还要不断激发下属成员自身潜能，共同分享胜利的成果。

4. 培育阳光心态

良好的办公环境、乐观积极的情绪情感能够调节心理感受，改变生活工作中的沉闷感，有助于促进领导干部的工作，提高效率。相反，消极、不愉快的情绪情感则对领导干部本人、组织成员的身心都有害。愤怒、焦虑、紧张、恐惧、忧愁、过度压力的氛围不仅会降低组织活力，而且会对组织个体的行为活动产生干扰阻碍作用，诱发各种身心疾病。作为领导干部，其自身肩负着繁重的工作任务，常常面临着各种错综复杂的工作局面，迫切需要健康稳定的情绪情感状态，使自己始终满腔热情地投入工作。因此，在日常工作中，领导干部要注重培育阳光心态，珍惜组织成员对自己的接纳和帮助，尽可能地与组织成员建立真诚、良好、健康的人际关系。这种人际关系一旦确立下来，不仅会增强领导干部开拓工作新局面的自信，而且会极大地满足组织成员对办公环境安全感的基本需要。领导干部应注意培育充实的情感体验，真诚待人，勤政为民，真心实意地替组织成员着想，替百姓分忧，为群众动真情、办实事。这是改变办公环境，促进良好心情的奥秘所在。

第九章

领导干部的压力管理

随着国家各项事业发展的提速，生活节奏不断加快，领导干部工作压力不断增大，病倒在工作岗位的事件时有发生。工作压力大、竞争激烈、生活无规律、长期伏案工作等都是患慢性病的诱导因素。

案例：

北京市朝阳区领导干部心理健康状况调查现状

北京市朝阳区对领导干部心理健康状况进行了专题调查研究。结果显示，朝阳区处级领导干部在心理健康方面存在以下问题：(1) 焦虑感突出。朝阳区干部的焦虑值为1.74，比全国高出25%，反映他们有较强的焦虑感。(2) 抑郁感明显。朝阳区干部抑郁值为1.68，比全国高出12%，在学历相对较低的干部中表现尤其突出。(3) 躯体化趋向较强。朝阳区干部躯体化平均值为1.54，比全国高出12%。特别是因工作忙碌而很少运动的干部（占全区处级干部总数的53.9%）躯体化分值为1.55，比有良好运动习惯（每周运动一次以上）的干部高出27%。①

当前形势下，关心领导干部身体健康，为领导干部合理减压已成为组织部门的重要工作，亦是领导干部义不容辞的责任，必须做好。

领导干部作为一名组织的领导者，已经过工作初期的自我

① 朱丽莎：《关注领导干部心理健康》，《Journal of US－China Public Administration》2006年第5期。

修炼，面对工作不再有肤浅认识，对本职工作能够泰然面对。领导干部缓解压力不仅靠自我激励、自我调整，拥有强健的体魄更是对工作的承担、对党的负责、对家庭的责任。如何在压力下保障身体健康，快乐胜任工作，是领导干部全面发展的重要标志，也是切实履行岗位职责，取得工作成效的基础。

一、健康规律的饮食

一日三餐健康规律的饮食习惯维持着人体生命健康的基本生理需要，是人类在长期的生活中所形成的。不良的饮食习惯，如不吃早餐、饥一顿饱一顿、三餐饮食不均衡或暴饮暴食等都是有损健康的。近年来，我国居民营养健康状况明显改善，但仍面临营养不足与过剩并存、营养相关疾病多发等问题。

国家卫生健康委 2012 年调查显示，我国居民人均每日食盐摄入量为 10.5 克（世界卫生组织推荐值为 5 克）；居民家庭人均每日食用油摄入量 42.1 克（《中国居民膳食指南》推荐标准为每天 25～30 克）；居民膳食脂肪提供能量比例达到 32.9%（《中国居民膳食指南》推荐值上限为 30%）。2019 年我国人均每日添加糖（主要为蔗糖，即白糖、红糖等）摄入量约 30 克，其中儿童、青少年摄入量问题值得高度关注。中国疾控中心营养与健康所所长丁钢强在解读“《健康中国行动（2019—2030 年）》之合理膳食行动”新闻发布会上表示，2014 年调查显示，3～17 岁常喝饮料的儿童、青少年，仅从饮料中摄入的添加糖提供的能量就超过总能量的 5%，城市儿童远远高于农村儿童，且呈上升趋势（世界卫生组织推荐人均每日添加糖摄入低于总能量的10%，并鼓励控制到5%以下或不超过25克）。与此同时，2010—2012年，我国成人营养不良率为6%；2013年，5岁以下儿童生长迟缓率为8.1%，孕妇、儿童、老年人群贫血率仍较高，钙、铁、维生素A、维生素D等微量营养素缺乏依然存在，膳食纤维摄入明显不足。

中国社会科学院《人才发展报告》中显示，如果中国知识分子不注意调整亚健康状态，不久的将来有2/3的人会死于心脑血管疾病。2018年消费大数据中心“光华博思特”公布了《中国国民健康与营养大数据报告》，结果不容乐观。从这份报告中那些可谓触目惊心的数据里，不难看出我国国民健康情况非常严峻。虽然这些年经济发展很快，但是国民身体素质与健康方面还有非常长的一段路要走。70%中国人有过劳死风险，

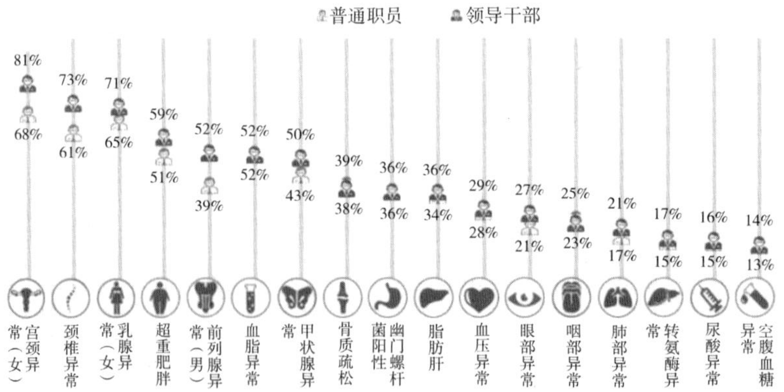

*注：图示幽门螺杆菌阳性仅指呼气试验阳性

图9-1 2017年不同职务公务员样本人群中的指标异常检出率①

① 数据来自《2017年中国公务员健康绿皮书》。2019年的数据并未提供领导干部和普通职员的数据对比。2019年报告分析的是2018年数据，2018年报告为2017年的数据。

76% 白领亚健康，20% 中国人患慢性病，其死亡率占 86%，中年人死亡的原因中，22% 是心脑血管疾病。

《2017 年中国公务员健康绿皮书》共收集了全国 33 大城市 381077 份公务员体检样本。于 2018 年 5 月发布统计显示，公务员样本人群的体检异常指标检出率为男性居高，高年龄段疾病负担较重，经济较发达地区患病风险高。值得关注的是，领导干部这一群体的多数异常指标检出率高于普通职员。17 项异常指标中，有 14 项为领导干部高于普通职员。

时隔一年，2019 年 3 月，爱康集团联合今日头条共同发布《2019 中国公务员健康绿皮书》，向大众解读了公务员群体的健康现状。本次公务员人群样本有效数据量为 295489 份，共选取 16 项体检指标异常来反映中国公务员相关疾病的患病风险，包括心血管（高血压、总胆固醇增高、甘油三酯增高、低密度脂蛋白胆固醇增高），代谢类（空腹血糖增高，尿酸增高），消化

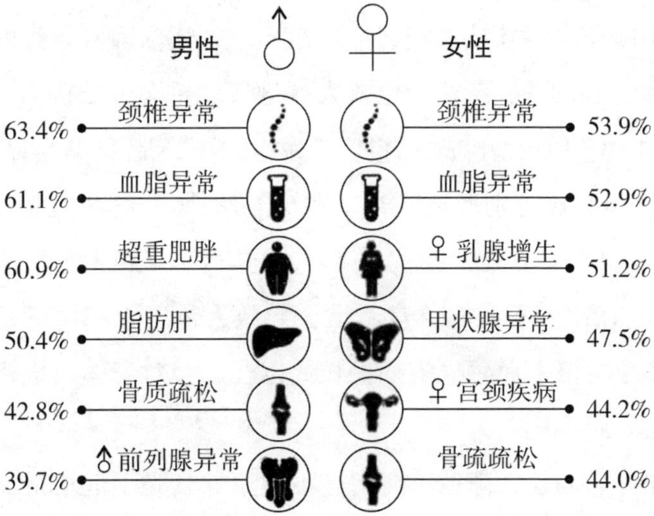

图 9－2　《2019 中国公务员健康绿皮书》中的公务员体检样本人群异常指标检出率

系统（脂肪肝、幽门螺杆菌阳性），男性（前列腺异常），女性（乳腺结节、宫颈异常），骨质疏松（骨量减少）以及职场人群常见的眼底异常、颈椎异常、体重指数增高等。基于近 30 万人的体检大数据分析发现，颈椎异常是排名第一的健康问题，这可能与部分公务员长期伏案工作有关。

近年数据报告都指出领导干部身体健康面临颈椎异常、高血脂、高血压、脂肪肝、糖尿病等慢性病的风险。不规律的饮食、快节奏的工作、巨大的压力、加班加点、连夜奋战，使得领导干部群体的身心健康每况愈下。

如果没有健康的体魄就难以适应与胜任高效率的执政工作，同时，领导干部的形体形象也直接影响着政府官员在百姓心目中的形象。因此，提高领导干部的体质与健康水平成为当务之急。

1. **长期亚健康饮食的危害**

2016 年全球疾病负担研究结果显示，饮食因素导致的疾病负担占到 15.9%，已成为影响人群健康的重要危险因素。2012 年全国 18 岁及以上成人超重率为 30.1%，肥胖率为11.9%，与2002 年相比分别增长了32%和67.6%；6～17 岁儿童青少年超重率为 9.6%，肥胖率为 6.4%，与 2002 年相比分别增加了一倍和两倍。[①] 不良的饮食习惯会导致人体正常的生理功能紊乱，免疫力低下而感染疾病。长此以往，会对身体造成不可逆的伤害。

第一，高盐、高糖、高脂等不健康饮食是引起肥胖、心脑血管疾病、糖尿病及其他代谢性疾病和肿瘤的危险因素。

---

① 健康中国行动推进委员会：《健康中国行动（2019—2030 年）》。

第二，损害胃肠，诱发胃肠疾病。饮食不规律，不吃就不吃，一吃起来就吃太饱，会打乱胃肠消化的生物钟。当不吃早餐或饥饿时，胃酸等消化液分泌后得不到食物中和，从而胃酸可侵蚀胃黏膜，加上幽门螺杆菌的感染，可引起急/慢性胃炎、胃和十二指肠溃疡等疾病。另外，暴饮暴食可引起急性胃扩张，严重损害胃肠功能。

第三，引起营养失衡。由于饮食不规律，或经常不吃早餐，或饮食不均衡，不能给身体提供足够的能量和营养，久而久之，会导致皮肤干燥、贫血、细胞衰老等营养缺乏症状。

有调查指出，饮食不规律的人，其骨骼密度远远低于饮食规律的人。对已发生骨质疏松的人来说，饮食不规律是主要原因之一。

在三餐定时情况下，人体内会自然产生胃结肠反射现象，可使排便规律，有利于身体内代谢产物的排出。如果饮食不规律、不吃早餐等，可造成胃结肠反射作用失调，产生便秘等症状，身体排毒不畅，容易引起皮肤疾病，如痤疮等。

2019 年 3 月，爱康集团联合今日头条共同发布《2019 中国公务员健康绿皮书》。在以公务员年度健康报告为主题的微访谈中，爱康集团董事长兼 CEO（首席执行官）张黎刚通过深入分析近 30 万份公务员健康大数据，向大家解读了公务员群体的健康现状。同时，结合公务员群体的健康管理需求，中国癌症基金会理事长赵平教授以癌症早筛早诊早治为重点，分享了关于公务员健康的一些看法。他指出，公务员的健康关系到国家各项工作的开展。当前基层公务员的工作压力和强度较大，建议按照劳动法合理安排工作时间。在长期加班之后，可安排带薪休假，做到劳逸结合。此外，公务员很多是在食堂进食，也需要做到饮食的多样化。

2. 合理膳食是保证健康的基础

良好合理的健康饮食习惯是保健的一个重要方面，可使身体健康生长。同时，恰当的饮食对疾病可起到治疗的作用，帮助人体恢复健康。合理膳食，减少每日食用油、盐、糖摄入量，有助于降低肥胖、糖尿病、高血压、脑卒中、冠心病等疾病的患病风险。

第一，食不过饱。相信大家都听过食要七成饱，不能吃到自己感觉饱了才停下来。不过，这种饱感的差异，一定要在专心致志进食的时候才能感觉到。如果边吃边说笑、边吃边谈生意、边吃边上网看电视，就很难感受到饱感的变化，不知不觉地饮食过量。饮食过量会导致肠道难消化。所以，食要七成饱，有正确的饮食习惯才能健康无忧。

所谓八成饱，就是胃里面感觉到满了，但是再吃几口也不痛苦。所谓七成饱，就是胃里面还没有觉得满，但对食物的热情已经有所下降，主动进食速度也明显变慢。习惯性地还想多吃，但如果撤走食物，换个话题，很快就会忘记吃东西的事情。最要紧的是，第二餐之前不会提前饿。所谓六成饱，就是撤走食物之后，胃里虽然不觉得饿，但会觉得不满足。到第二餐之前，会觉得饿得比较明显。所谓五成饱，就是已经不觉得饿，胃里感觉比较平和了，但是对食物还有较高热情。如果这时候撤走食物，会有没吃饱的感觉。没有到第二餐的时间就已经饿了，很难撑到下一餐。再低程度的食量就不能叫作“饱”了，因为饥饿感还没有消除。七成饱，就是身体实际需要的食量。如果在这个量停下进食，人既不会提前饥饿，也不容易肥胖。但是，大部分人找不到这个点，经常会把胃里感觉满的八成饱当成最低标准，甚至到了多吃一口就觉得胀的九成饱。这样，如果餐后没有足够的运动，必然就容易发胖。

在日常生活中，需要放慢速度，专心进餐，习惯于七成饱。吃水分大的食物可以让胃里提前感受到“满”，所以有利于控制食量。比如喝八宝粥、吃汤面、吃大量少油的蔬菜、吃水果，都比较容易让八成饱的感觉提前到来。吃那些需要多嚼几下才能咽下去的食物，比如粗粮、蔬菜、脆水果，能让人放慢进食速度，也有利于对饱感的感受，从而有利于帮助我们控制食量，避免过量。而精白细软、油多纤维少的食物则正好相反，它们会让人们进食速度加快，不知不觉就吃下很多，但饱感中枢还没有来得及接收到报告，直到胃里面感觉到饱胀之后才停住嘴。这时候，食物中的能量早就超过了身体的需要，后面能做的事情，也只有增加运动来消耗掉多余的卡路里了。

第二，科学膳食。学习中国居民膳食科学知识，使用中国居民平衡膳食宝塔、平衡膳食餐盘等支持性工具，根据个人特点合理搭配食物。每天的膳食包括谷薯类、蔬菜水果类、畜禽鱼蛋奶类、大豆坚果类等食物，平均每天摄入 12 种以上食物，每周 25 种以上。不能生吃的食材要做熟后食用；生吃蔬菜水果等食品要洗干净。生、熟食品要分开存放和加工。日常用餐时宜细嚼慢咽，保持心情平和，食不过量，但也要注意避免因过度节食而影响必要的营养素摄入。少吃肥肉、烟熏和腌制肉制品，少吃高盐和油炸食品，控制添加糖的摄入量。足量饮水，成年人一般每天 7 ~ 8 杯（1500 ~ 1700 毫升），提倡饮用白开水或茶水，少喝含糖饮料；儿童少年、孕妇、乳母不应饮酒。

身体质量指数（BMI）=体重（kg）/身高的平方（m^2）。对于超重（24 kg/m^2≤BMI<28 kg/m^2）、肥胖（BMI≥28 kg/m^2）的成年人群，要减少能量摄入，增加新鲜蔬菜水果在膳食中的比重，适当选择一些富含优质蛋白质（如瘦肉、鱼、蛋白和豆类）的食物。避免吃油腻食物和油炸食品，少吃零食和甜食，不喝或少喝含糖饮料。进食有规律，不要漏餐，不暴饮暴食，七八分饱即可。

对于贫血、消瘦等营养不良人群，建议在合理膳食的基础上，适当增加瘦肉类、奶类、蛋类、大豆和豆制品的摄入，保持膳食的多样性，满足身体对蛋白质、钙、铁、维生素A、维生素D、维生素B12、叶酸等营养素的需求；增加含铁食物的摄入或者在医生的指导下补充铁剂来纠正贫血。

对于孕产妇和家有婴幼儿的人群，建议学习了解孕期妇女膳食、哺乳期妇女膳食和婴幼儿喂养等相关知识，特别关注生命早期1000天（从怀孕开始到婴儿出生后的2周岁）的营养。孕妇常吃含铁丰富的食物，增加富含优质蛋白质及维生素A的动物性食物和海产品，选用碘盐，确保怀孕期间铁、碘、叶酸等的足量摄入。尽量纯母乳喂养6个月，为6～24个月的婴幼儿合理添加辅食。

对于家庭，提倡按需购买食物，合理储存；选择新鲜、卫生、当季的食物，采取适宜的烹调方式；按需备餐，小分量食物；学会选购食品看标签；在外点餐根据人数确定数量，集体用餐时采取分餐、简餐、份饭；倡导在家吃饭，与家人一起分享食物和享受亲情，传承和发扬中国优良饮食文化。

二、合理的运动方式

合理安排运动负荷原则，是指在身体锻炼中，要根据锻炼者自身的情况，合理地安排运动负荷。既能使身体产生一定的疲劳，又能承受，并能与休息合理地交替。选择并培养适合自己的运动爱好，积极发挥运动对情绪的调节作用，在出现轻度情绪困扰时，可结合运动促进情绪缓解。科学家发现，运动可以立刻改善抑郁的情绪。科学家在动物身上进行实验，发现运动的确能对单胺类神经激素起到调节的作用，从而降低抑郁症状。

领导干部普遍存在着运动量相对少、健身意识差、预防疾病意识差的问题。有调查表明，在领导干部中有12%的人从不参加体育锻炼，近半领导干部只选择散步作为日常锻炼方式。

一般来说，由于新参加身体锻炼的人起点较低，经过一段时间的锻炼，获得的效果比较明显。而长期坚持身体锻炼的人，尤其对中老年人来说，要想进一步提高锻炼效果就不像一开始锻炼时那么容易了，而且也要慎重考虑，但保持一定的锻炼效果也很好。

在身体锻炼中，有机体在承受了一定的运动负荷后会因能量的消耗而产生疲劳。经过一段时间的休息和营养的补充，体内的能量物质和身体机能水平才能得到恢复。

在反复的刺激—恢复—刺激下，如果运动负荷恰当，机体不仅能恢复到原有的水平，而且能有超过运动前的能量储备和机能能力，这就是生理上的超量恢复。经常地超量恢复并合理地安排运动负荷和休息间隔，体质就能逐步得到提高。

在安排身体锻炼的内容时，要注意循序渐进。这主要体现在对运动负荷的掌握与提高上。运动负荷的测定方法有两种：一种是表面数据，是以身体锻炼的成绩作为衡量尺度，如跑速、动作重复次数或频率等。这是人们的习惯测法，但其不能直接反映身体机能的负荷状态。另一种是内部数据，是直接测定身体锻炼时人体的机能状态，如测定心率按最佳心率要求确定每次锻炼的运动负荷，这种方法麻烦些。但心率对速度快、强度大的锻炼内容不仅比较灵敏，也易受情绪的影响。

在身体锻炼中，将两种测定方法结合起来运用，可更客观些。开始进行身体锻炼时，应通过多次测定，确定合理的运动负荷作为起点。并随着锻炼水平的提高（可以 2 ~4 周作为一个阶段）加大或调整身体锻炼计划和运动负荷。

身体锻炼不同于运动训练，其内容与方法的选择、运动负荷的安排，灵活性和可选择性比较大，在系统性的要求上也不必追求达到或接近极限运动负荷。而且现代体育科学研究证明，采用有氧代谢进行身体锻炼，其健身作用较大。因此，在负荷提高的幅度上不要过大，时间上也不要操之过急，中老年人尤其要注意。

对于曾经坚持经常锻炼，但因故停了一段时间后又重新开始锻炼时，应根据身体的现状安排锻炼。因为前段时间未能坚持锻炼，可能引起身体机能的消退。在通常情况下，应尽力坚持经常锻炼，这既是练身体，也是练意志。但当身体健康情况不佳或情绪很低落时，人的中枢神经系统对身体的控制能力大大下降，有机体对外界的适应能力和有机体内协调关系出现失调现象，就不必勉强坚持身体锻炼，即使坚持也应适当调整锻炼内容和运动负荷。

在身体锻炼中，承担多大的运动负荷最为理想，提高的幅度多大合适，应用什么客观指标测定，这些问题应根据每个人的实际情况确定。即要对每个从事身体锻炼的人的自我感觉、身体健康状况、项目成绩和生理指标进行测定，并经常进行综合分析，以科学的方法确定身体锻炼的效果和是否进一步提高要求以及提高的幅度。

表 9－1　各项运动热量消耗表

逛街	110 大卡	游泳	1036 大卡
骑车	184 大卡	泡澡	168 大卡
开车	82 大卡	熨衣服	120 大卡
打网球	352 大卡	洗碗	136 大卡
看电影	66 大卡	爬楼梯	480 大卡
遛狗	130 大卡	洗衣服	114 大卡
郊游	240 大卡	打扫	228 大卡
打拳	450 大卡	跳绳	448 大卡
跳舞	300 大卡	慢走	255 大卡
高尔夫	186 大卡	快走	555 大卡
慢跑	655 大卡	打桌球	300 大卡
快跑	700 大卡	骑马	276 大卡
滑雪	354 大卡	健美操	276 大卡
练武术	790 大卡	仰卧起坐	432 大卡

当压力超过负荷，对比单纯的运动最有效的办法还是运动和心理治疗相结合。下面几点是来自心理医生的建议：

（1）先了解自己的健康数据，比如体重、心率等，然后抽出时间锻炼。

（2）为自己设置合理的锻炼目标，一点一点开始运动。

（3）没有特定的某种运动可以减轻抑郁，减少压力。对大多数人而言，散步、慢跑、游泳都很有用；但是对某些人来说，可能瑜伽或者举重效果更好。这也是我们探索适合自己的运动的机会。

（4）压力容易让人减少社交，而锻炼会让人与其他人增进联系，约朋友一起锻炼有助于运动的坚持。

（5）察觉自己细微的情绪变化，找出最适宜自己的运动方式和强度。

此外，努力让自己思考一些事情，多做一些事情。尽可能做一些工作，工作本身就是最好的减压方式。

三、高质量的睡眠

在社会节奏加快及竞争加剧的今天，失眠发生率逐年上升。据世界卫生组织调查，世界范围内约 27% 的人有睡眠问题。根据美国睡眠医学会出版的《国际睡眠障碍分类》（第三版）的国际睡眠疾病分类①，外在或内在因素导致的睡眠障碍疾病达 90 余种。睡眠障碍已经引起国际睡眠医学界的高度关注。

据美国睡眠医学会统计，美国有约 33% 的成年人存在睡眠障碍，日本、加拿大、芬兰、法国这一比例分别达到 21%、

① American Academy of Sleep Medicine 著，高和主译：《国际睡眠障碍分类》（第三版），人民卫生出版社，2017 年版。

18%、12%、19%。中国失眠人数也在逐年增多，相关统计数据显示，中国成年人失眠率高达38.2%，从年龄上看，15~25岁、45岁左右及60岁以上是失眠高发期，这三个年龄段人群分别处于学习、职业发展、安度晚年压力最大的时候。经济发达地区，人们工作生活压力大，患失眠的人群比例也相应高。而在30~50岁睡眠不良人群中，女性失眠人数占到57%，略高于男性。有临床统计显示，到医院睡眠门诊就诊人数从多到少排列为公务员、教师、企业从业人员、自由职业以及学生，公务员的睡眠健康逐渐成为一个问题。近年来，领导干部就睡眠问题进行咨询的也非常多。

要保证充足的睡眠。睡眠是大脑休息和调整的阶段，睡眠能保持大脑皮层细胞免于衰竭，使消耗的能量得到补充，大脑皮层的兴奋和抑制过程达到新的平衡。现代医学认为，睡眠是一种主动过程，目的是为恢复精力而作合适的休息，由专责睡眠及觉醒的中枢神经管理。睡眠是最好的休息方法，能保持身体健康和补充体力，从而提高工作效率。在睡眠时，人脑并没有停止工作，只是换了模式，使身体可以更有效储存所需的能量，并对精神和体力做出补充。

领导干部基本已处于人到中年的年龄，上有老、下有小，又是家里的顶梁柱，生活和工作中都会承担较大的压力，再加上生理的变化，很多领导干部会出现入睡困难、易惊醒、睡眠质量差等困扰。美国芝加哥大学克里斯滕·克努特松（Krysten Knutsson）领导的研究小组对578名平均年龄为40岁的中年人进行睡眠状况及高血压患病情况研究，在美国《内科学文献》月刊上发表观点：睡眠对中年人的健康十分关键。每天平均睡眠时间为5小时的人与平均为6小时的人相比，5年内患高血压的风险会增加37%，如果睡觉打鼾，那么患高血压的风险会更高，进而使冠心病、中风等心脑血管疾病风险明显增加。缺乏睡眠还与脑力减退、暴饮暴食有关。人一生约1/3的时间都在睡眠中度过，良好的睡眠是缓解一天疲劳，恢复体力和脑力，保证第二天工作生活最基本的要求。一旦睡眠出了问题，身体就会进入亚健康状态。因此，美国疾病控制与预防中心建议，中年人每天睡眠时间应为7～9小时。

中华医学会副会长、中国疾控中心主任高福院士在“健康中国行动”启动仪式上表示，中国有4亿多人受睡眠问题困扰，近六成儿童青少年睡眠不足。为落实健康中国行动部署，高福倡议全国城乡居民学会科学合理睡眠，保障健康。

1. 失眠的原因

引起失眠的原因比较复杂，常见的原因可以分为以下几类：

第一，环境因素。睡眠环境的突然改变，会使人产生生理反应而引起失眠，如乘坐车、船、飞机时睡眠环境的变化，出差在外对睡眠环境的陌生感，卧室内的强光、噪声、过冷或过热，等等。有的人对环境的适应性强，有的人则非常敏感、适应性差，环境一改变就睡不着。老年人对环境改变的适应能力往往更差。

第二，疾病因素。这种情况最常见。任何脑部的病变，比如脑血管病、动脉硬化、帕金森、痴呆、脑瘤等都可能导致失眠；还有其他多种躯体疾病，比如甲亢、高血压、心脏病、骨质疏松等都是导致失眠的原因。所以，失眠很可能是身体某些疾病的信号。

第三，药物因素。最常引起失眠的药物有咖啡因、茶碱、各种兴奋剂、酒精以及食欲抑制剂等。

第四，心理和精神因素。情绪紧张不安、心情抑郁以及过于兴奋、生气愤怒等心理因素均能引起失眠。在一项300例失眠患者的研究中发现，85%的人是由于心理因素引起的。抑郁症、神经衰弱、焦虑症、强迫症等常伴有失眠症状。在众多引起失眠的因素中，心理和精神因素是影响最大的，约占慢性失眠患者的半数。

心理因素诱发的失眠，常被称为心因性失眠。这种失眠持续的时间一般比较短，如及早消除心理因素的影响，可以很快缓解，否则就可能发展成为长期失眠、慢性失眠。心因性失眠的主要表现是入睡困难，易醒早醒，睡得浅而多梦，甚至会彻夜不眠。

2. 合理的睡眠时间

最佳睡眠时间，人与人彼此都有差别，有的人一天睡9个小时仍不够，有的人一天睡5个小时就可以生龙活虎地生活。人每天需要多少睡眠时间才属于正常？在正常生活中睡眠时间有没有什么标准？

美国睡眠医学会（American Academy of Sleep Medicine, AASM）联合睡眠研究学会（SRS）共同发布了健康成人睡眠时间推荐建议：正常情况下，充分的睡眠大致需要6~10小时，平均就是8小时。事实上，每个人的生活环境和习惯不同，每天所需要的睡眠时间也不一样。

睡眠时间的长短与年龄、职业、身体素质、习惯以及季节变化等因素有很大关系。从年龄方面看，总的趋势是，随着年龄的增加，睡眠时间逐渐减少。婴幼儿和儿童，由于大脑尚未发育完善，因此需要睡较长时间以促进大脑发育。

刚出生的婴儿睡眠时间最长，一般需要睡 18 ~22 小时，几乎整天都处在睡眠中；半岁到 1 岁左右的婴儿，每天约睡 14 ~18 小时；学龄前的儿童（3 ~6 岁）认识事物及活动逐渐增加，每天应睡 12 小时；学龄儿童每天需要的睡眠时间约 9 ~10 小时；青少年中枢神经系统还不稳定，他们正处在生长发育的高峰，生长激素的分泌增加，新陈代谢旺盛，每天需要睡 8 ~9 小时才能缓解疲劳和保证机体正常的生长发育；2/3 成人每晚睡 7 ~8 小时，1/5 成人睡眠时间少于 6 小时；老年人由于年龄增长，脑部神经细胞逐渐减少，自然影响睡眠时间，加上各种生理机能相对减弱，新陈代谢率降低，能量消耗比较少，老年人平均每晚需要睡 6. 5 小时。

根据美国睡眠医学会资料报道，大部分人一天的睡眠时间在 7 ~8 小时之间，平均约 7. 5 小时，但是并不等于说“睡眠一定是 7. 5 小时或 8 小时”，每天需要睡多少时间在同龄人中个体差异很大，即使同一个人夜与夜之间也不一样。至今还没有一个研究资料能确切地表明人究竟睡几个小时才最合适，但一般认为，凡能使你第二天达到精力旺盛的状态所需的时间就是你自己需要的睡眠时间。

世界上有许多人，他们每天睡 3 ~4 小时就够了，如爱迪生、拿破仑、撒切尔夫人等，这些人被称为短睡者；也有每天睡 9 ~11 小时的人，如爱因斯坦等，被称为长睡者。人群中这两者比例不多，只占人口总数的 1% ~3%。长睡者和短睡者虽然总睡眠时间相差很多，但他们的睡眠质量（深度睡眠时间）和普通睡眠者是一样的。甚至短睡者的熟睡时间之和占总睡眠时间的百分比还多一些，睡眠质量更高一些。

3. **睡眠的调节**

失眠患者中的大多数是由心理因素引起的。心理因素虽然是导致失眠的重要原因，但只要学会自我调节心理活动，也可以有效改善睡眠。根据心理学的研究，可采用以下几种用心理调节来改善睡眠的方法。

第一，松笑导眠法。平卧静心，面带微笑，进行6次深而慢的呼吸后，转为自然呼吸，每当吸气时，依次关注头顶—前额—眼皮—嘴唇—颈部—两肩—胸背—腰腹—臀和双腿—双膝和小腿—双脚，并于每一呼气时，默念“松”且体会意守部位散松的感觉，待全身放松后，就会自然入睡，必要时可重复2~3次。

第二，逆向导眠法。对思维杂乱、无法平静的失眠者，可采取逆向导眠法。就寝后，不是去准备入睡，而是舒坦地躺着，想一些曾经历过的愉快事件，并沉浸在幸福情景之中。若是因杂念难以入眠时，不但不去控制杂念，反而接着杂念去续编故事，而故事情节应使自己感到身心愉快，故事的篇幅编得越长越久远越好。这些有意的回想与编故事既可消除患者对失眠的恐惧，又可因大脑皮层正常的兴奋疲劳而转入保护性抑制状态，促进自然入眠。

第三，腹式呼吸调节法。这是调节睡眠的最简易的放松方法之一，对于缓解因长时间的紧张状态而导致的失眠是很有效的方法。但是在还没有学会怎样做腹式呼吸之前，你千万不要在睡觉的时间做。刚开始学习时，在白天或者傍晚来做。只有学会了怎样做腹式呼吸，才能够在该上床睡觉的时候进入到想睡觉的状态。只有让这种方法成为自动化的动作，才能让你很自然地用这种方法慢慢地进入睡眠。要达到这样的效果，必须每天练习20分钟，至少坚持两个星期。

进行腹式呼吸，首先是平躺，把注意力放在呼吸的节奏和深度上。不要试图改变节奏和深度，就是自然地呼吸。在感受到了呼吸的节奏后，开始尝试更多地用腹部呼吸，而较少地用胸腔呼吸（把一只手放在腹部，另一只手放在胸腔处，感受腹部随着呼吸起伏，而胸腔没有变化）。

吸气、呼气、屏气；吸气、呼气、屏气；如此反复……

当渐渐地适应吸气、呼气、屏气的节奏后，就可以进入下一个步骤：呼吸的时候，用心感受气流流过舌头上方或者鼻腔的过程。一些人能够感受到气流流过，而另一些人呼气的时候能够感受到温暖，吸气的时候能够感受到凉爽。找到能够对呼吸感受得最好的部位，找到后，把注意力集中到这个部位上，完全地关注这个部位，感受新鲜空气的进入和浊气的呼出。从这个时候起，每当你做腹部呼吸的时候，组织好呼吸的节奏后，就集中注意这个部位的空气进出，一旦觉得可以做到所有的这些，腹式呼吸就能够真正地完全放松了。特别要注意的是，在呼吸过程中要注意控制杂念。

第四，渐进式放松训练。促进睡眠，一方面需要抑制神经的兴奋状态，另一方面需要肌体放松。放松训练的原理在于，通过身心松弛，首先是全身肌肉的松弛，来减少紧张，抑制兴奋，降低警醒水平，诱导睡眠的发生。对因焦虑情绪引起的失眠，或对睡不好的恐惧引起的失眠，适宜采用放松训练。通过放松训练，以减少精神和躯体的紧张来改善睡眠。

进行放松训练，首先要体会一下紧张与放松之间有什么差别。可以用这样一个方法感受一下：紧握右手拳头，并持续5~7秒钟，注意体验有何感觉，尤其是体验不舒适感。接着，很快将手放松，持续 15 ~ 20 秒，此时看是否有手臂温暖的感觉。还有一个更简单的检验方法：紧张时，指温冰凉，心跳快速，肌肉紧绷；放松时，指温温热，心跳和缓，肌肉放松。在了解放松感觉后，再进行放松训练。

对肌肉反复进行紧—松、张—弛的练习，以取得肌肉放松和大脑皮层唤醒水平下降的效果，最终改善睡眠。肌肉放松训练的过程可为五个步骤：集中注意、肌肉紧张、保持紧张、解除紧张、肌肉松弛。肌肉放松包括手臂、头、躯干、腿等部位的放松。

第五，减慢思维法。在睡觉前，必须让自己的思维停下来，如果大脑持续高速运转，是没办法进入睡眠的。将精神集中在放松自己上，并且集中精神想一些能让自己高兴、自己很享受却不太费脑子的事。忙碌了一天的领导干部，此时目标不是入睡，而是放松。理由很简单：越强迫自己入睡，就越觉得沮丧、有压力，越会想到一些无法入睡的事。这些想法会让自己的睡意向相反的方向发展。而当大脑和身体都放松下来时，脑电波频率就会降低（这点已经通过医学实验证明）。

以上几种心理调节方法，对于调节失眠、改善睡眠确实有很好的疗效，不妨一试。尤其是对于心理因素导致的失眠，采用以上方法加以调节，其疗效会更为显著。

自我评估：匹兹堡睡眠质量指数量表
(Pittsburgh sleep quality index, PSQI)

匹兹堡睡眠质量指数（Pittsburgh sleep quality index，PSQI）是美国匹兹堡大学精神科医生 Buysse 博士等人于 1989 年编制的。该量表适用于睡眠障碍患者、精神障碍患者睡眠质量评估，同时也适用于一般人睡眠质量的评估。

下面一些问题是关于您最近一个月的睡眠情况，请选择或填写最符合您近一个月实际情况的答案。请回答下列问题：

1. 近一个月，晚上上床睡觉通常（　　）点钟。

2. 近一个月，从上床到入睡通常需要（　　）分钟。

3. 近一个月，通常早上（　　）点起床

4. 近一个月，每夜通常实际睡眠（　　）小时（不等于卧床时间）。

对下列问题请选择一个最适合您的答案。

5. 近一个月，因下列情况影响睡眠而烦恼：

a. 入睡困难（30 分钟内不能入睡）

（1）无　（2）< 1 次/周　（3）1 ~ 2 次/周　（4）≥ 3 次/周

b. 夜间易醒或早醒

（1）无　（2）< 1 次/周　（3）1 ~ 2 次/周　（4）≥ 3 次/周

c. 夜间去厕所

（1）无　（2）< 1 次/周　（3）1 ~ 2 次/周　（4）≥ 3 次/周

d. 呼吸不畅

（1）无　（2）< 1 次/周　（3）1 ~ 2 次/周　（4）≥ 3 次/周

e. 咳嗽或鼾声高

（1）无　（2）< 1 次/周　（3）1 ~ 2 次/周　（4）≥ 3 次/周

f. 感觉冷

（1）无　（2）<1次/周　（3）1~2次/周　（4）≥3次/周

g. 感觉热

（1）无　（2）<1次/周　（3）1~2次/周　（4）≥3次/周

h. 做噩梦

（1）无　（2）<1次/周　（3）1~2次/周　（4）≥3次/周

i. 疼痛不适

（1）无　（2）<1次/周　（3）1~2次/周　（4）≥3次/周

j. 其他影响睡眠的事情

（1）无　（2）<1次/周　（3）1~2次/周　（4）≥3次/周

如有，请说明：

6. 近一个月，总的来说，您认为自己的睡眠质量

（1）很好　（2）较好　（3）较差　（4）很差

7. 近一个月，您用药物催眠的情况

（1）无　（2）<1次/周　（3）1~2次/周　（4）≥3次/周

8. 近一个月，您常感到困倦吗

（1）无　（2）<1次/周　（3）1~2次/周　（4）≥3次/周

9. 近一个月，您做事情的精力不足吗

（1）没有　（2）偶尔有　（3）有时有　（4）经常有

睡眠质量得分（　　），入睡时间得分（　　），睡眠时间得分（　　）

睡眠效率得分（　　），睡眠障碍得分（　　），催眠药物得分（　　）

日间功能障碍得分（　　）

PSQI 总分（　　）

PSQI 使用和统计方法：

PSQI 用于评定被试最近一个月的睡眠质量。由 19 个自评和 5 个他评条目构成，其中第 19 个自评条目和 5 个他评条目不参与计分，在此仅介绍参与计分的 18 个自评条目（详见问卷）。18 个条目组成 ABCDEFG7 个成分，如下问卷 A—G 每个成分按 0 ~ 3 等级计分，累积各成分得分为 PSQI 总分，总分范围为 0 ~ 21，得分越高，表示睡眠质量越差。被试完成试问需要 5 ~ 10 分钟。

各成分含意及计分方法如下：

A、睡眠质量

根据条目 6 的应答计分，较好计 1 分，较差计 2 分，很差计 3 分。

B、入睡时间

1. 条目 2 的计分为≤15 分钟计 0 分，16 ~ 30 分钟计 1 分，31 ~ 60 分钟计 2 分，≥ 60 分钟计 3 分。

2. 条目 5a 的计分为无计 0 分，<1 周/次计 1 分，1 ~ 2 周/次计 2 分，≥3 周/次计 3 分。

3. 累加条目 2 和 5a 的计分，若累加分为 0 计 0 分，1 ~ 2 计 1 分，3 ~ 4 计 2 分，5 ~ 6 计 3 分。

C、睡眠时间

根据条目 4 的应答计分，>7 小时计 0 分，6 ~7 小时计 1 分，5 ~6 小时计 2 分，<5 小时计 3 分。

D、睡眠效率

1. 床上时间 = 条目 3（起床时间）- 条目 1（上床时间）

2. 睡眠效率 = 条目 4（睡眠时间）/ 床上时间 × 100%

3. 成分 D 计分，睡眠效率 > 85% 计 0 分，75% ~84% 计 1 分，65% ~74% 计 2 分，< 65% 计 3 分。

E、睡眠障碍

根据条目 5b 至 5j9 个条目的计分为无计 0 分，<1 周/次计 1 分，1 ~2 周/次计 2 分，≥3 周/次计 3 分。累加条目 5b 至 5j 的计分，若累加分为 0 则成分 E 计 0 分，1 ~9 计 1 分，10 ~18 计 2 分，19 ~27 计 3 分。

F、催眠药物

根据条目 7 的应答计分，无计 0 分，<1 周/次计 1 分，1 ~2 周/次计 2 分，≥3 周/次计 3 分。

G、日间功能障碍

1. 根据条目 7 的应答计分，无计 0 分，<1 周/次计 1 分，1 ~2 周/次计 2 分，≥3 周/次计 3 分。

2. 根据条目 7 的应答计分，没有计 0 分，偶尔有计 1 分，有时有计 2 分，经常有计 3 分。

3. 累加条目 8 和 9 的得分，若累加分为 0 则成分 G 计 0 分，累加为 1 ~2 计 1 分，3 ~4 计 2 分，5 ~6 计 3 分。

PSQI 总分 = 成分 A + 成分 B + 成分 C + 成分 D + 成分 E + 成分 F + 成分 G

PSQI 的评价等级：

0～5 分，睡眠质量很好；

6～10 分，睡眠质量还行；

11～15 分，睡眠质量一般；

16～21 分，睡眠质量很差。

四、平衡工作与生活，实现压力最小化

生活与工作的平衡，是保证长期身体健康和工作效率的根本手段。无休止地加班虽然能在短期内增加工作量，但缺少了身心恢复的时间，就像一条被拉扯过度的橡皮筋，容易失去弹性和活力。

关心领导干部的身体健康，需要各地组织部门开动脑筋，开拓思维，让领导干部感觉到组织的温暖。要特别重视基层干部的身体健康，因为他们的工作条件比较艰苦，面对矛盾多，工作压力大，容易造成心理和身体疲劳、精神焦虑，容易产生健康问题。要通过多种形式，疏导情绪，消除疑虑，减轻压力，缓解紧张，避免领导干部产生健康问题。有一个好的身体，才能有为人民服务的本钱。要建立健全机制，认真落实带薪休假等制度，避免“白加黑”“5＋2”的工作方式。对身体健康出现问题的领导干部，积极开展慰问、帮扶等活动，帮助其早日恢复。

同时，还要经常倾听领导干部诉求，关心了解其工作、生活和思想情况。在机构改革、职务调整、家庭变故等干部思想容易波动的时期，单位党组织及相关领导要及时做好思想政治

工作，为干部排忧解难、加油鼓劲。特别是针对工作忙，压力大，上有老、下有小，平时忙于工作，对家庭的关心关爱很少的干部。作为党的组织，应该给这样的干部温暖，要抽空上门看望这样的特殊干部，同其家庭成员“摆摆家常”，帮助解决孩子上学、老人就医等困难。不要小看这样的关心关爱行为，一个家庭也是一个小的“群体细胞”，这样的“群体细胞”健康，干部的心理才会健康。如果一名干部长期怀着对家庭关心关爱愧疚的心理工作，那势必会导致一些疾病的发生。

值得警惕的是，东亚地区一直是加班文化的重灾区，甚至“过劳死”这个单词就是源自日语的“Karoshi”。

而根据韩联社报道，韩国政府的一项调查显示，韩国公务员相较经合组织（OECD）国家的平均水平，每年要多工作1000小时；而在工作最辛苦的海洋渔业部门，员工平均每个月要加班158.3小时！

根据英国广播公司（BBC）和《卫报》报道，韩国国会于2019年3月曾通过决议，将法定最长工作时间从每周68小时大幅削减至每周52小时。首尔市政府将分三个阶段实施办公室强制断电计划，以便让员工习惯在周五准时下班，享受周末的休闲时光。首尔市政厅在晚间8时进行了第一次断电，办公室电脑的电源被准时切断。根据计划，4月的第二个和第四个周五，市政厅将在晚间7时30分切断电源。进入5月之后，每个周五晚上7时将成为断电时间。首尔市政厅官员崔金浩表示，市政府希望以身作则，带动企业老板主动为雇员多批一些放假时间，以帮助员工保持工作与生活的良好平衡。由此，逐渐纠正韩国人“喜欢过度加班的文化倾向”。

五、制订合理减压计划

人对各种信息刺激做出的反应，不论是认识性的、情感性的，还是行为性的、评价性的，都是经过大脑思维，是选择的结果，其中起决定作用的就是心态。美国心脏数理研究院的罗林·麦克克拉提（Lorraine McCarty）博士发现，爱、感激、满足感等都可以促进催产素的分泌。催产素号称“信任激素”，是脑垂体自然分泌的激素，它能调节自主神经系统，也能调节脑部其他主管情绪和社会行为区域的活动。它还可以放松神经系统，从而释放掉压力。

使用科学的方法缓解压力。保持乐观、开朗、豁达的生活态度，合理设定自己的目标。正确认识重大生活、工作变故等事件对人的心理造成的影响，学习基本的减压知识，学会科学有益的心理调适方法。学习并运用健康的减压方式，避免使用吸烟、饮酒、沉迷网络或游戏等不健康的减压方式。学会调整自己的状态，找出不良情绪背后的消极想法，根据客观现实进行调整，减少非理性的认识。建立良好的人际关系，积极寻求人际支持，适当倾诉与求助。保持健康的生活方式，积极参加社会活动，培养健康的兴趣爱好。

运用科学的知识识别应对心理问题。出现心情压抑、愉悦感缺乏、兴趣丧失，伴有精力下降、食欲下降、睡眠障碍、自我评价下降、对未来感到悲观失望等表现，甚至有自伤、自杀的念头或行为，持续存在两周以上，可能患有抑郁障碍；突然或经常莫名其妙地感到紧张、害怕、恐惧，常伴有明显的心慌、出汗、头晕、口干、呼吸急促等躯体症状，严重时有濒死感、失控感，如频繁发生，可能患有焦虑障碍。一过性的或短期的抑郁、焦虑情绪，可通过自我调适或心理咨询予以缓解和消除，不用过分担心。抑郁障碍、焦虑障碍可以通过药物、心理干预或两者相结合的方式治疗。

出现心理行为问题要及时求助。可以向医院的相关科室、专业的心理咨询机构和社会工作服务机构等寻求专业帮助。要认识到求助于专业人员既不等于自己有病，更不等于病情严重，而是负责任、有能力的表现。

1. **树立光明思维，让心态更阳光**

所谓光明思维，就是善于使自己始终沉浸在乐观向上、积极进取的良好心理氛围，使大脑处于活跃开放、正向求索的信念状态，从而调动和开发自己的创新潜能并导向成功的思维方法。光明思维是着眼于事物的光明面，推动事物向光明面转化的思维技术。

著名学者林语堂曾说："面向阳光，阴影总在你身后。"世界上的事物都有光明与黑暗两面，总盯着黑暗面看，生活将暗无天日，而如果我们愿意转身，也许就会看到光明，这个时候，不仅能够享受到光明所带来的温暖，而且还有可能发现黑暗别样的美。因此，如果终究无法摆脱黑暗，千万别忘了转身去看看光明。树立光明思维，有光明相伴左右，心间自然有阳光。

案例：

枯井埋驴

有一个农夫，牵着自己的驴子在路上走，突然，驴子不小心掉到了一口枯井里。驴子掉到井里后，疯狂地嘶叫、上蹿下跳，农夫此时也很着急，就赶紧想办法救自己的驴子。但是井太深，农夫绞尽脑汁，尝试了各种办法，几个小时过去了，还是没能救出来，驴子继续在井里哀号着……

农夫感到筋疲力尽，也实在想不出其他办法，最后农夫决定放弃，他想这头驴子的年纪大了，不值得大费周折地救它了。不过，不论如何，这口枯井还是要填起来，一则让驴子在这里安息，二则也避免后来者再次遭殃。

于是，农夫想办法找来铲子，怀着悲痛的心情将土一铲一铲填进枯井里。驴子可能也意识到主人要放弃自己了，于是更加疯狂地嘶叫、上蹿下跳。农夫忍痛继续填土。

填着填着，农夫发现井里面变安静了，驴子不叫了。怎么回事？农夫好奇地探头往井里一看，眼前的景象令他大吃一惊。当铲进井里的泥土落到驴子的后背时，驴子的反应令人称奇——它将泥土抖落一旁，然后站在铲进的泥土堆上面。看到驴子的举动，农夫很感动，他看到了希望！于是，农夫继续铲土，驴子就不停地抖落身体上的土，然后踩在脚下。

就这样，在农夫和驴子的协力配合下，井被填满了，驴子得救了！

故事情节虽简单，但确实是很多人生活的真实写照。

现实中，领导干部常常会面临事情已经发生，需要紧急处理的情境。既然事情的发生不能改变，那么不如就去接纳。看自己如何处理事情可以向好的一面发展。当处理事情的态度改变，不再抱怨和抗拒时，也许就找到了解决问题的转机，让事情的结局能够圆满一些。

因此，工作中，接纳改变不了的，改变能够改变的。抱怨除了让领导干部更加为难之外，解决不了本质问题。抗拒和逃避也改变不了事情已经发生的事实。事情既然发生，就坦然接受处理吧。

2. 树立积极进取的良好心态

世界上有黑暗也有光明，有坏事也有好事。如果领导干部坚持认为这个世界上全是黑暗，那下属一定会觉得领导干部太消极负面。我们知道，基于正常人的生活经验，这个世界上除了黑暗之外，还有光明。所以，人不可能总倒霉，也不可能总走运，生命里好事、坏事都会出现。

黑暗可以转化为光明，坏事也可以转化为好事。有时黑暗与光明同在，就像阳光下的背影；有时是黑暗结束而光明出现，就像黑夜与黎明。有时坏事发生时就伴随有好事的一面，有时好的一面会在事后出现。因此，无论黑暗还是光明都有其存在的价值，不论坏事还是好事都有其价值。

每一种存在都有其必然性，黑暗也有其价值，作为领导干部不能一味只是期盼着光明的出现，抗拒黑暗或者对黑暗的价值视而不见。领导干部在工作中应该珍视黑暗，欣赏黑暗的价值。当有这种意识时，也将能够看到所谓的坏事对我们的积极意义，这样面对坏事时的心态将更加平和，发现遇到压力大的事情也时会心态平和许多。坏事总会有好的一面存在，相信才会看到。比如，健康是好的，生病也有其价值——当你生病时，终于可以停下手头的工作好好休息下，可以不用去做自己不想做的事情，可以不用再那么坚强而是心安理得地接受别人的关心……最重要的是，生病是提醒领导干部需要好好照顾自己。

案例：

一切都是最好的安排

从前有一个国家，地不大，人不多，但是人民过着悠闲快乐的生活，因为他们有一位不喜欢做事的国王和一位不喜欢做官的宰相。

国王没有什么不良嗜好，除了打猎以外，最喜欢与宰相微服私访民隐。

宰相除了处理国务以外，就是陪着国王下乡巡视。如果是他一个人的话，他最喜欢研究宇宙人生的真理，他最常挂在嘴边的一句话就是“一切都是最好的安排”。

有一次，国王兴高采烈又到大草原打猎，随从们带着数十条猎犬，声势浩荡。

国王的身体保养得非常好，筋骨结实，而且肌肤泛光，看起来就有一国之君的气派。随从看见国王骑在马上，威风凛凛地追逐一头花豹，都不禁赞叹国王勇武过人。

花豹奋力逃命，国王紧追不舍，一直追到花豹的速度减慢时，国王才从容不迫弯弓搭箭，瞄准花豹，嗖的一声，利箭像闪电似的，一眨眼就飞过草原，不偏不倚射中花豹的颈. 花豹惨嘶一声，倒在地上。国王很开心，他眼看花豹躺在地上许久都毫无动静，一时失去戒心，居然在随从尚未赶上时，就下马检视花豹。谁想到，花豹就是在等待这一瞬间，它使出最后的力气突然跳起来向国王扑过去。

国王一愣，看见花豹张开血盆大口咬来，他下意识地闪了一下，心想：“完了！”

还好，随从及时赶上，立刻发箭射向花豹的咽喉。国王觉得小指一凉，花豹就闷不吭声倒在地上，这次真的死了。

随从忐忑不安走上来询问国王是否无恙，国王看看手，小指头被花豹咬掉小半截，血流不止，随行的御医立刻上前包扎。虽然伤势不算严重，但国王的兴致被破坏光了，本来国王还想找人来责骂一番，可是想想这次只怪自己冒失，还能怪谁？所以闷不吭声，大伙儿就黯然回宫去了。

回宫以后，国王越想越不痛快，就找了宰相来饮酒解愁。

宰相知道了这事后，一边举酒敬国王，一边微笑说："大王啊！少了一小块肉总比少了一条命来得好吧！想开一点，一切都是最好的安排！"

国王一听，闷了半天的不快终于找到宣泄的机会。他凝视宰相说："嘿！你真是大胆！你真的认为一切都是最好的安排吗？"

宰相发觉国王十分愤怒，却也毫不在意说："大王，真的，如果我们能够超越'我执'，确确实实，一切都是最好的安排！"

国王说："如果寡人把你关进监狱，这也是最好的安排？"

宰相微笑说："如果是这样，我也深信这是最好的安排。"

国王说："如果寡人吩咐侍卫把你拖出去砍了，这也是最好的安排？"

宰相依然微笑，仿佛国王在说一件与他毫不相干的事。他说："如果是这样，我也深信这是最好的安排。"

国王勃然大怒，大手用力一拍，两名侍卫立刻近前，他们听见国王说："你们马上把宰相抓出去斩了！"

侍卫愣住，一时不知如何反应。

国王说："还不快点，等什么？"

侍卫如梦初醒，上前架起宰相就往门外走去。

国王忽然有点后悔，他大叫一声说："慢着，先抓去关起来！"

宰相回头对他一笑，说："这也是最好的安排！"

国王大手一挥，两名侍卫就架着宰相走出去了。

过了一个月，国王养好伤，打算像以前一样找宰相一块儿微服私巡，可是想到是自己亲口下令把他关入监狱里，一时也放不下身段释放宰相。他叹了口气，就自己独自出游了。

走着走着，来到一处偏远的山林，忽然从山上冲下一队脸上涂着红黄油彩的蛮人，三两下就把他五花大绑，带回高山上。

国王这时联想到今天正是满月，这一带有一支原始部落每逢月圆之日就会下山寻找祭祀满月女神的牺牲品。

国王哀叹一声，这下子真的是没救了。他心里很想跟蛮人说：我乃这里的国王，放了我，我就赏赐你们金山银海！可是嘴巴被破布塞住，连话都说不出口。

当他看见自己被带到一口比人还高的大锅炉，柴火正熊熊燃烧，更是脸色惨白。

大祭司现身，当众脱光国王的衣服，露出他细皮嫩肉的龙体。大祭司啧啧称奇，想不到现在还能找到这么完美无瑕的牺牲品！

原来，今天要祭祀的满月女神，正是"完美"的象征，所以祭品丑一点、黑一点、矮一点都没有关系，就是不能残缺。

就在这时，大祭司突然发现国王的左手小指头少了小半截，他忍不住咬牙切齿咒骂了半天，忍痛下令说："把这个废物赶走，另外再找一个!”

脱困的国王大喜若狂，飞奔回宫，立刻叫人释放宰相。他在御花园设宴，为自己保住一命，也为宰相重获自由而庆祝。

国王一边向宰相敬酒说：“爱卿啊！你说的真是一点也不错，果然，一切都是最好的安排！如果不是被花豹咬一口，今天连命都没了。”

宰相回敬国王，微笑说：“贺喜大王对人生的体验又更上一层楼了。”

过了一会儿，国王忽然问宰相说：“寡人救回一命，固然是‘一切都是最好的安排’，可是你无缘无故在监狱里蹲了一个月，这又怎么说呢?”

宰相慢条斯理喝下一口酒，才说：“大王！您将我关在监狱里，确实也是最好的安排啊!”

他饶富深意看了国王一眼，举杯说：“您想想看，如果我不是在监狱里，那么陪伴您微服私巡的人，不是我，还会有谁呢？等到蛮人发现国王不适合拿来祭祀满月女神时，那么，谁会被丢进大锅炉中烹煮呢？不是我，还会有谁呢？所以，我要为大王将我关进监狱而向您敬酒，您也救了我一命啊!”

国王忍不住哈哈大笑，朗声说：“干杯吧！果然没错，一切都是最好的安排!”

国王断手指、宰相被关进监狱，看似很糟糕的事情，最终被证明都是“最好的安排”。也许你会说这只是一个故事，现实并非如此。但是你所谓的“现实”就是绝对的“真实”吗?绝非如此，不过是你选择看到的“现实”而已。

生活中，当你选择看到事情黑暗的一面时，就有可能忽略其光明，甚至对光明的一面视而不见。但你没看到并不意味着光明的一面不存在。如果你选择相信“现实”，应提醒自己，“现实”也是多面的，要有光明思维，在黑暗的旁边或者背后，就站着黑暗的“兄弟”光明。

3. 抱怨不如改变

生活的真谛在于付出与回报的合理平衡。很多人的抱怨是因为内心根深蒂固的索取要求得不到满足。其实，只要懂得了幸福的意义不仅在于得到什么，而且在于真诚付出，就会从根本上扼杀抱怨的内在诱因。

工作中会满腹牢骚，多数是因为对事件本身缺乏客观、冷静的分析，只是根据一些表面现象、个人喜好去评价事物。这样的结果就是，对工作事件的评价太主观、有失偏颇。很多时候，合理的抱怨会获得想要的结果，但是如果选择的抱怨是不能改变或者不需要改变的事情，很显然，结果只会让事情发展更加沮丧。因此，作为领导干部要率先找出问题症结所在。遇到突发事件，不妨先让自己冷静一下，回顾整件事发生的过程，找到症结。工作中总会有不顺利或不公平的事发生，当碰到这些困难时，应积极面对，因为困难能让当事人更清晰地看到自己的欠缺和问题。怨天尤人、光说不练是于事无补的，与其在抱怨中消磨时间，不如在努力中成长自己。同时，作为领导干部还应多体谅、少指责。因为没有站在对方的立场上想问题，所以才会以一个无知的旁观者的姿态去指责、抱怨。

荀子说：“自知者不怨人，知命者不怨天；怨人者穷，怨天者无志。失之己，反之人，岂不迂乎哉?”不妨谨记之。抱怨是苛求和自我无能的表现，因为不愿或无力改变自己，才总希望外界能够改变以适应自己。

案例：

威斯特敏斯特大教堂地下室的一块墓碑上的碑文

碑文如下——

当我年轻的时候，我的想象力从没有受到过限制，我梦想改变这个世界。

当我成熟以后，我发现我不能改变这个世界，我将目光缩短了些，决定只改变我的国家。

当我进入暮年后，我发现我不能改变我的国家，我的最后愿望仅仅是改变一下我的家庭。但是，这也不可能。

当我躺在床上，行将就木时，我突然意识到：如果一开始我仅仅去改变我自己，然后作为一个榜样，我可能改变我的家庭；在家人的帮助和鼓励下，我可能为国家做一些事情。

然后谁知道呢？我甚至可能改变这个世界。

启示：问题和困难永远存在，别再一味地抱怨了，用行动去改善充满问题和困难的状况，因为这不仅体现了领导干部的工作水平，还会让下属少一些无助，多一些因可以去改变而带来的乐观与积极。

4. 培养提高情商

习近平总书记曾指出："做实际工作情商很重要，更多需要的是做群众工作和解决问题的能力，也就是适应社会能力。"

情商之父丹尼尔·戈尔曼（Daniel Goleman）在他的《情

商智力》一书中指出："情商与人的生活各方面息息相关，是影响人一生快乐、成功与否的关键，情商比智商更重要。"

古往今来，人们判断一项事业、一件事情能否取得成功，常常把"天时、地利、人和"作为重要因素。如果说"天时"与"地利"难以为领导干部的意志所左右，那么"人和"却是通过领导干部的努力而达到的。领导干部在工作单位，能不能工作顺利、事业有成，情商是一个关键因素。

戈尔曼对情商作了更明确的说明，他认为情商包括五个方面的能力：认识自身情绪、妥善管理情绪、自我激励、认识他人情绪、人际关系的管理。

认识自身情绪：领导干部只有清楚自身的感觉和喜好，才能作适当选择，成功主宰生活。

妥善管理情绪：人人都有情绪，情绪若随着境遇作相应的波动，是正常又合乎人性的。若情绪太极端化或长时间持续地僵化，领导干部没有掌握调节情绪的方式，便很容易被情绪困扰。情绪化的人，不但事业不能成功，连正常的生活工作也可能受影响。所以，领导干部要懂得调节情绪。

自我激励：人生不如意事，十之八九。人在不如意的时候，往往比刹那间的快乐更令人刻骨铭心、消沉意志。领导干部只有在失意时保持积极向上的思想，在冲动时能够克制、忍耐，保持沉着，有效分辨眼前享乐与长远成就，保持高度热忱，才能带领好队伍，推动自己走向成功。

认识他人情绪：知己知彼，百战百胜。领导干部要有一颗体贴下属的同理心，能从不同参与者的角度看事物及设计行为方式。如此，目标才能更深入、更远大，也更容易获得下属追随。

人际关系的管理：领导干部管理他人情绪的艺术，可以从人缘、领导能力及人际和谐度显示出来。

所以说，情商是领导干部良好的职业道德情操，是自我激励、持之以恒的韧性，是关心下属的表现，等等。领导干部只有对自己有清醒的认识，自信而不自满，人际关系良好，与下属能友好相处，能够有效调节情绪，善于处理生活中遇到的各方面的问题，才能精神饱满地带领团队工作。

5. 思维方式修炼

对于工作中消极的情绪，领导干部要学会掌控。说起来容易，往往做起来很难，甚至遇到自己情绪反应激烈的问题时，根本就忘了控制自己。要驾驭自己的情绪，还必须从改变思维方式入手，改变对事物的情绪，以积极的思维方式看待问题，使消极的情绪转化为积极的情绪，从而实现控制自己的情绪。

作为领导干部，在工作方式上要培养积极的思维方式。积极的思维方式就是以开放的心态去处理工作中的人际关系和事情，包括多向思维、反向思维、横向思维、超前思维等。了解下属的情绪需要反向思维，也就是逆向思维。逆向思维的情商表现就是同理心思考或换位思考，要站在对方的角度看问题，理解对方的内心感受。

领导干部在处理与上级、同事、下级的关系时都需要同理心思维。比如自己辛辛苦苦去努力完成一件工作，本想得到上级的肯定表扬，不料因为出现一点被忽视的微小差错而遭到上级的否定和批评，心里就感到不平衡、发牢骚；但是站在上级的角度思考，作为上级要的就是下级工作的成果，尽管自己辛苦付出了，提交的成果却不是上级想要的，没有得到肯定也就没有什么好抱怨的。处理与下级的关系同样需要同理心，一个人无论做了多么不可理解的事情，都有他自己的内心契因和动机，要善于站在对方的角度了解他人的想法，才会实现双赢的沟通，建立良好的人际关系。

所谓与工作的关系，即是“为什么而工作”。对于这个问题，很多人可能会毫不犹豫地回答：“为了钱!”是的，就是这个回答！将工作的目的单一化归结为为了挣钱。不幸的是，所挣到的和自己期待挣到的在数额上会存在差距，而作为公职人员、领导干部，不是按劳取酬，所以工作再努力也没办法挣到更多的钱。于是就会有人觉得付出与回报不对等，感觉不快乐，长此以往导致牢骚满腹、行为消极、心态失衡。事实上，即便降低了工作的努力，也不会因此而恢复心理平衡，或者变得快乐起来。如果不想再这么在工作上煎熬下去，请从“为了钱而工作”的一元价值思维转移到多元价值思维上去。工作让自己的价值得到体现、被别人尊重和认可、为自己的孩子树立好的榜样、人脉圈扩大、社会影响力增强、为群众提供便捷……用多元可控的内部动机去替代一元不可控的挣钱动机，就会发现自己是可以快乐工作的，因为内心会有喜悦、满足感。

黎巴嫩诗人纪伯伦（Khalil Gibran）有一首散文诗这样写道：“生活的确是黑暗的，除非有了渴望；所有的渴望都是盲目的，除非有了知识；一切的知识都是徒然的，除非有了工作；所有工作都是空虚的，除非有了爱；当我们带着爱工作时，我们就与自己、与他人、与上帝合为一体。”的确，当我们能够多角度地审视自己为何工作，为自己的工作赋予一定的意义，工作也许将不再黑暗、盲目、突然和空虚。

参考文献

1. 习近平：《习近平谈治国理政》第 1 卷，外文出版社，2018 年版。

2. 刘峰：《新领导力》，北京大学出版社，2016 年版。

3. 胡月星：《民族地区基层干部队伍整体素质发展调查研究》，民族出版社，2004 年版。

4. 胡月星：《现代领导人才测评》，国家行政学院出版社，2004 年版。

5. 胡月星：《领导干部心理健康读本》，中国人民大学出版社，2005 年版。

6. 胡月星：《现代领导心理学》，山西经济出版社，2006 年版。

7. 胡月星：《领导胜任力》，电子工业出版社，2007 年版。

8. 胡月星：《基层领导干部胜任力实证研究》，国家行政学院出版社，2009 年版。

9. 胡月星：《企业领导人员核心胜任能力实证研究》，电子工业出版社，2010 年版。

10. 胡月星：《胜任领导》，国家行政学院出版社，2012年版。

11. 胡月星：《公务员胜任特征实证研究》，国家行政学院出版社，2015年版。

12. 胡月星：《快乐领导》，国家行政学院出版社，2016年版。

13. 胡月星：《领导心理》，研究出版社，2017年版。

14. 曾荣：《领导情商》，研究出版社，2017年版。

15. 袁书杰：《领导激励》，研究出版社，2017年版。

16. 孙立樵：《领导角色》，研究出版社，2017年版。

17. 鄯爱红：《领导激励》，研究出版社，2017年版。

18. ［美］大卫·V. 戴、约翰·安东纳基斯编：《领导力的本质》（第二版），林嵩、徐中译，北京大学出版社，2015年版。

19. ［美］米哈里·切克森米哈赖：《心流》，张定绮译，中信出版集团，2017年版。

20. ［美］塔玛·琼斯基：《内在成长：心智成熟的四个思维习惯》，吴书榆译，北京联合出版公司，2018年版。

21. ［美］沃伦·本尼斯：《成为领导者》，徐中、姜文波译，浙江人民出版社，2016年版。